昆虫世界的奥秘

韩雨江　陈　琪◎主编

吉林科学技术出版社

图书在版编目（ＣＩＰ）数据

昆虫世界的奥秘 / 韩雨江，陈琪主编 ． -- 长春：
吉林科学技术出版社，2024.2
ISBN 978-7-5744-1056-5

Ⅰ．①昆… Ⅱ．①韩… ②陈… Ⅲ．①昆虫－儿童读
物 Ⅳ．① Q96-49

中国国家版本馆 CIP 数据核字（2024）第 016331 号

KUNCHONG SHIJIE DE AOMI

昆虫世界的奥秘

主　　编　韩雨江　陈琪
出 版 人　宛　霞
责任编辑　宿迪超
助理编辑　徐海韬
封面设计　长春美印图文设计有限公司
制　　版　长春美印图文设计有限公司
幅面尺寸　210 mm×280 mm
开　　本　16
印　　张　19
字　　数　238 千字
印　　数　1-10 000 册
版　　次　2024 年 2 月第 1 版
印　　次　2024 年 2 月第 1 次印刷
出　　版　吉林科学技术出版社
发　　行　吉林科学技术出版社
地　　址　长春市福祉大路 5788 号
邮　　编　130118
发行部电话 / 传真　0431-81629529　81629530　81629531
　　　　　　　　　　　81629532　81629533　81629534
储运部电话　0431-86059116
编辑部电话　0431-81629518
印　　刷　吉林省吉广国际广告股份有限公司
书　　号　ISBN 978-7-5744-1056-5
定　　价　158.00 元

　　昆虫出现在4亿年前的泥盆纪，比鸟、恐龙和人类早出现上亿年，它们经历了地球环境的剧烈变迁，见证了包括恐龙在内的多种动物的灭绝，依靠顽强的生命力将种族的命运延续至今。昆虫是地球上数量最多的动物群体，占据了动物界的三分之二，种类超过百万，从森林到沙漠，从平原到高山，从陆地到海洋，数量庞大的昆虫家族几乎遍布地球的每一个角落。这本《昆虫世界的奥秘》收录了上百种自然界中的昆虫，根据它们的生存环境对其分类并进行科普，内文采用昆虫的全彩高清大图作为主图，将昆虫身体上的细节放大，满足读者对昆虫的直观认识，同时结合通俗易懂的文字科普，帮助读者更轻松学习昆虫知识，畅游神奇的昆虫王国，揭开昆虫世界的奥秘！

如何辨别昆虫

1. 身体是否分三节

常见的昆虫身体会分为头、胸、腹三个明显的部分。

头部是取食与感知中心，包括口器、触角、眼这三个主要器官。

胸部是运动和支撑中心，昆虫的足和翅就长在这里。

腹部是生殖与代谢中心，生长着昆虫的生殖系统。

2. 是否有一对触角、两对翅膀、三对足

昆虫的头部长有一对触角，极少数无触角，这是昆虫的特征之一。所有的昆虫都是三对足，如果超过三对足或不足三对足，那很有可能不是昆虫。

除了极少数昆虫翅膀退化变为无翅昆虫或仅剩一对明显翅膀的双翅目昆虫，一般昆虫的胸背部都长有两对翅。

辨别昆虫实战应用

1. 蜘蛛是昆虫吗？

蜘蛛身体不分三节，没有触角，且有四对足，以上两点都不满足，所以它不是昆虫。

2. 蜗牛是昆虫吗？

蜗牛没有足，虽然身体分三节，长有一对触角，满足以上两点中的大部分，但也不属于昆虫。

蜘蛛属于节肢动物门蛛形纲，蜗牛属于软体动物门腹足纲。

通过以上内容，我们就可以自己辨别昆虫啦！

目录
CONTENTS

空中昆虫世界

烈焰红唇——红蜻……………… 16

白腰儿和黄腰儿——玉带蜻… 18

飞行强者——长尾黄蟌……… 20

蓝色精灵——蓝纹尾蟌……… 22

大型蜻蜓——巨圆臀大蜓…… 24

黄衣蜻蜓——黄蜻……… 26

灰色精灵——异色灰蜻……… 28

高速飞行机——碧伟蜓……… 30

梁祝化身——玉带凤蝶……… 32

银色丽人——银纹袖蝶……… 34

长途旅行家——黑脉金斑蝶… 36

闪耀蓝宝石——大蓝闪蝶…… 38

濒危蝴蝶——美洲蓝凤蝶…… 40

斑马纹蝴蝶——黄条袖蝶…… 42

大型蝴蝶——文蛱蝶………… 44

森林绿皇后——绿带翠凤蝶… 46

红色天使——红目天蚕蛾…… 48

红色达人——红线蛱蝶……… 50

金色花朵——金凤蝶···········52

非洲专属——非洲达摩凤蝶···54

黑色美人——黑美凤蝶········56

橙色佳丽——橙粉蝶·········58

滑翔之蝶——黄绿鸟翼凤蝶···60

美丽飞翔者——大帛斑蝶·····62

珍稀白玉——白壁紫斑蝶·····64

闪电出击——统帅青凤蝶······66

林间枯叶——枯叶蛱蝶········68

狩猎者——泥蜂·············70

过街老鼠——蚊子···········72

人类附属——家蝇···········74

弹跳高手——绿豆蝇·········76

科研助手——果蝇···········78

田间小卫士——七星瓢虫······80

害虫的克星——十三星瓢虫···82

顶级制蜜师——蜜蜂·········84

毛虫克星——姬蜂⋯⋯⋯⋯ 86

凶残好斗——胡蜂⋯⋯⋯⋯ 88

中型蜜蜂——无垫蜂⋯⋯⋯ 90

高级麻醉师——寄生蜂⋯⋯ 92

缓慢的飞行者——泥蛉⋯⋯ 94

蜗牛捕食家——台湾窗萤⋯⋯ 96

水域昆虫世界

深海寿星——螯龙虾⋯⋯⋯⋯ 100

海洋活化石——鲎⋯⋯⋯⋯ 102

轻功水上漂——水黾⋯⋯⋯ 104

水中人参——龙虱⋯⋯⋯⋯ 106

水螳螂——中华螳蝎蝽⋯⋯ 108

四眼水甲——豉甲⋯⋯⋯⋯ 110

水生昆虫——划蝽⋯⋯⋯⋯ 112

草丛
昆虫世界

除害能手——中华刀螳·············· 116

风卷残云——蝗虫·············· 118

稻田收割机——中华稻蝗········· 120

蝗中巨人——棉蝗·············· 122

弹跳高手——日本黄脊蝗········ 124

同伴背着走——短额负蝗········ 126

作物害虫——横纹蓟马·········· 128

制毒专家——芫菁·············· 130

拳师螳螂——巨腿螳············· 132

叶上花瓣——兰花螳螂··········· 134

最佳影帝——枯叶螳螂··········· 136

带"刺"的花朵——刺花螳螂··· 138

音乐家——暗褐蝈螽············· 140

农业害虫——硕蝽·············· 142

吸血鬼——锥蝽·············· 144

臭气专家——大田负蝽········· 146

噬菌昆虫——扁蝽············· 148

放臭气的害虫——舟猎蝽········ 150

瓜果劲敌——瓜褐蝽·········· 152

十字花科害虫——菜蝽········· 154

昆虫刺客——猎蝽···········156

背着房子去旅行——蜗牛········158

格斗专家——蟋蟀··········160

长腿绅士——盲蛛··········162

甜蜜的危险——蚜虫··········166

黄色大军——夹竹桃蚜·········168

世界级害虫——烟粉虱·········170

微型害虫——圆跳虫·········172

剧毒的装饰——毛虫·········174

蛋白质饲料宝库——黄粉虫·····176

绸缎纺织家——桑蚕·········178

奇形怪状——锹形虫·········180

丑角甲虫——长臂天牛·······182

竹笋天敌——大竹象·········184

黑甲战车——中华扁锹甲·······186

红褐装甲——姬深山锹形虫·····188

甲虫之王——独角仙·········190

会飞的伐木工——天牛·········192

树林
昆虫世界

昆虫界大长腿——步行虫………194

豆类劲敌——绿豆象…………196

可爱金龟子——大王花金龟……198

短小精悍——蒙瘤犀金龟………200

雨林巨人——南洋大兜虫………202

犀牛角——五角大兜虫…………204

地下杀手——大青叩头虫………206

长"鳃"的金龟——东北大黑鳃金龟208

入侵物种——马铃薯甲虫………210

横冲直撞——黄褐丽金龟………212

榛树天敌——榛实象鼻虫………214

昆虫界"长颈鹿"——长颈鹿象鼻虫216

大尾巴——绿尾大蚕蛾…………218

"天线宝宝"——黑带二尾舟蛾220

毛茸茸的精灵——蚕蛾………222

龙虾蛾——苹蚁舟蛾…………224

大力神甲虫——长戟大兜虫……226

珍贵绿宝石——阳彩臂金龟……228

"装死"高手——黑腹胫步甲…230

蛀干害虫——桑天牛…………232

吵闹的歌唱家——蝉…………234

果园杀手——大青叶蝉………236

花生虫——提灯蜡蝉…………238

树上的银琵琶——梨片蟀………240

泡泡爱好者——沫蝉…………242

模仿艺术家——角蝉…………244

声乐大师——斑蝉…………246

会飞的"树枝"——竹节虫……248

伪装者精英——大佛竹节虫……250

陆地龙虾——巨棘竹节虫………252

危险"绿叶"——叶䗛…………254

勤奋的园丁——蚯蚓…………258

"数不清"的腿——蜈蚣………260

远古活化石——蝎子…………262

甜食爱好者——东方蝼蛄………264

蘑菇爱好者——蠼螋…………266

群居大家族——蚂蚁…………268

昆虫游击队——行军蚁………270

北境蚁王——石狩红蚁………272

陆地
昆虫世界

沙丘制造者——铲头堆砂白蚁… 274

会飞的蚂蚁——黄翅大白蚁…… 276

建造大师——双齿多刺蚁…… 278

逆行武士——蚁狮………… 280

顽强的生存者——蟑螂……… 282

跳高专家——人蚤………… 284

家庭害虫——衣鱼………… 286

贪婪的吸血鬼——臭虫……… 288

会飞的硫酸——隐翅虫……… 290

彩虹的眼睛——吉丁虫……… 292

活药材——球鼠妇………… 294

黑寡妇——间斑寇蛛……… 296

身边的蜘蛛——家幽灵蛛…… 298

拦路虎——虎甲…………… 300

殡葬师——覆葬甲………… 302

空中昆虫世界

KONGZHONG
KUNCHONG
SHIJIE

烈焰红唇
——红蜻

红蜻属蜻蜓目蜻科。雄虫前胸褐色，合胸前方及侧面呈红色，无斑纹；翅透明，翅痣黄色，前后翅基部均有红斑；腹部红色。雌虫前后翅基部有黄斑，腹部黄色。红蜻体长30~35 mm，翅展约70 mm。主要分布于北京、山东、江苏、福建、江西、广东等地。

 小档案

名称：红蜻。

分类：蜻蜓目蜻科。

分布：中国北京、山东、
江苏、福建、江西、
广东等地。

食性：植食。

特征：身体呈红色。

此佳性

雌性红蜻的体色与雄性红蜻有差异。
上、下唇黄色，唇基、额及头顶黄褐色，头后
黄色；前胸及合胸背面褐色；腹部黄色，肛附器短，褐色；下生
殖板弯向下方。

白腰儿和黄腰儿
——玉带蜻

玉带蜻是蜻科玉带蜻属的蜻蜓，常年生活在近水的环境中。因为玉带蜻有细长的身体，再加上一对大且轻盈的翅膀，所以飞行速度极快，同时能做各种急转的动作。根据性别的不同，玉带蜻第二至第四腹节呈现不同颜色，雄性为白色，雌性为黄色，这也是"玉带"的由来。

小档案

名称：玉带蜻。

分类：蜻科玉带蜻属。

分布：中国江苏、福建、湖南等地。

食性：杂食。

特征：雄性第二至第四腹节呈白色，雌性呈黄色。

最佳巡查员

玉带蜻有很强的领地意识，绝对不允许自己的领地被外来的昆虫霸占，因此它经常在领地附近"巡逻"，当有昆虫进入自己的领地时，玉带蜻会主动出击，将其驱逐。

飞行强者
——长尾黄螅

长尾黄螅系蜻蜓目螅科黄螅属蜻蜓。成虫发生期4—10月，栖息于水草丰茂的水塘、池沼、水库等静水环境。它是细长的飞行昆虫，类似小型的蜻蜓。翅宽，可向尾部收折，翅脉很密。足纤长，分布有刺。

✘ 小档案

名称：长尾黄螅。
分类：螅科黄螅属。
分布：中国。
食性：植食。
特征：头顶暗绿色，侧面黄色。

形态特征

长尾黄螅体细长；头横宽，复眼强烈突出于头两侧；前后翅形状和脉序相似，中室四方形。静止时翅竖在胸部上方，少数种类前翅竖立而后翅稍张开。

飞机的源头

　　长尾黄蟌很美丽，身下6条纤细的长脚，支持着全身的重量，尾巴长长地拖在后面，色彩斑斓。它的身体构造和色彩的搭配，都像是完美的艺术创造。想想人类用来翱翔天空的飞机，不也从它身上得到过灵感吗？

蓝色精灵
——蓝纹尾蟌

蓝纹尾蟌属于蜻蜓目蟌科。它主要分布在中国、朝鲜、日本、印度等地。它最明显的特征就是身体上的蓝色，这种蓝色会随着它的成熟而逐渐加深。

小档案

名称：蓝纹尾蟌。

分类：蜻蜓目蟌科。

分布：中国、朝鲜、日本、印度等地。

食性：植食。

特征：身体有蓝色、黑色两种颜色。

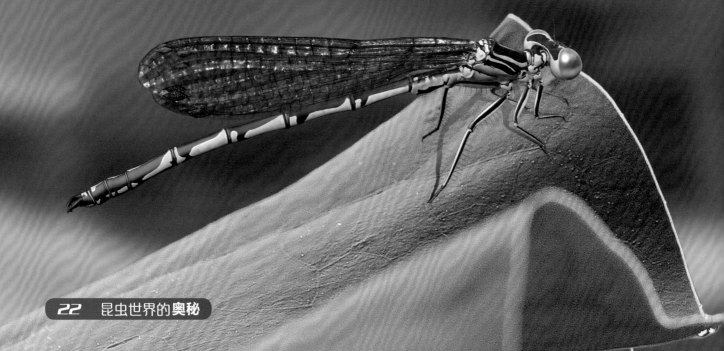

飞行速度惊人

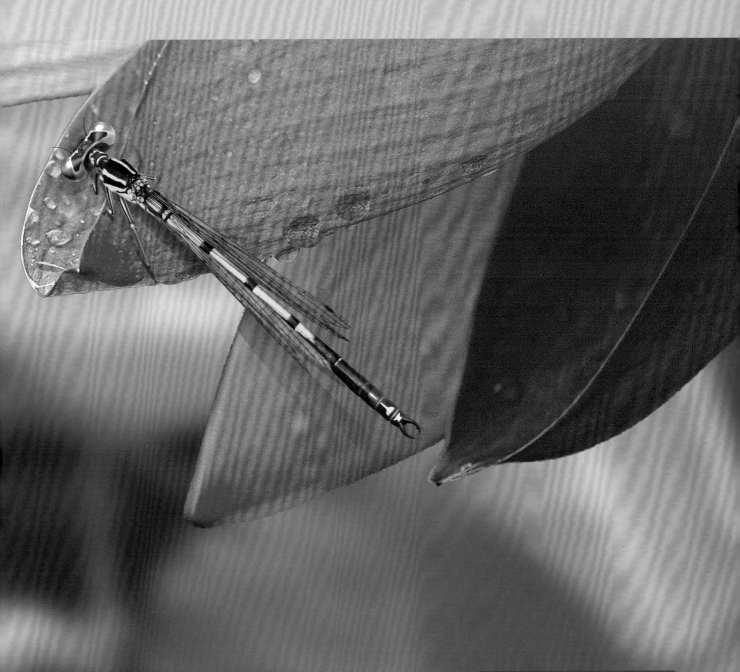

蓝纹尾螈每秒能飞1 m，并且能连续飞行很长时间不用休息。它们经常成群结队地飞在低空，玻璃般透明的翅膀鼓动着，像一个个轻盈的小精灵。

大型蜻蜓
——巨圆臀大蜓

巨圆臀大蜓是大蜓科的一种蜻蜓。腹长70~90 mm，后翅长60~80 mm。下唇黄褐色，上唇端半部黑色，基半部有两个方形黄斑。雄虫的上肛附器呈黑色，下肛附器较上肛附器短。

✕ 小档案

名称：巨圆臀大蜓。

分类：蜻蜓目大蜓科。

分布：中国台湾、北京、
湖南等地。

食性：植食。

特征：下唇黄褐色，上唇
端半部黑色，下肛
附器短。

 # 优秀的鉴别者

　　巨圆臀大蜓的若虫对人类很有帮助。人们可以拿它来鉴别水的质量。因为巨圆臀大蜓的若虫对于污染的忍受程度很低，所以它可以有效地鉴别水质。

黄衣蜻蜓
——黄蜻

黄蜻的腹部有24～26mm长。雄虫身体呈红色。雌虫身体呈黄色。未成熟的黄蜻雌虫胸部呈浅黄色，成熟后变为黄色。

✕ 小档案

名称：黄蜻。

分类：蜻蜓目。

分布：世界各地。

食性：植食。

🦋 生长环境

黄蜻是世界上常见的蜻蜓之一，在国内广泛分布，在国外主要分布在热带和亚热带地区。树林、草丛、屋檐下都是它们的栖息地。雨季来临前，它们会集体迁移。

🦋 美丽的黄蜻

黄蜻身体长32～40 mm，雄虫身体呈红色，合胸侧缘有2条宽大的黑色斜带；雌虫身体呈黄色，各节侧缘具黑斑。

灰色精灵
——异色灰蜻

异色灰蜻这个神奇的小精灵属于蜻蜓目蜻科。分布在江苏、河北、浙江等地，体长和一般的蜻蜓差不多。雄性胸部深褐色，身体蓝色；翅膀末端有着淡褐色斑，翅膀周围具深褐色斑，后翅翅基的色斑大，是三角形的；足是黑色的，上面有刺。

✖ 小档案

名称：异色灰蜻。

分类：蜻蜓目蜻科灰蜻属。

分布：中国江苏、河北、浙江等地。

食性：植食。

特征：身体蓝色，腹部灰色。

生活习性

异色灰蜻交配后在池塘里产卵。春天时由卵长成幼虫，幼虫在春天和初夏生活在水里，长长的下颚长得很快，以便捕捉水中的微生物作为食物来获取能量。等到深夏，经过蜕皮的幼虫会趴在大树上羽化，刚羽化的异色灰蜻是黄色的。

高速飞行机
——碧伟蜓

碧伟蜓是东亚地区非常常见的蜻蜓品种之一。它们的体形比较大，飞行速度非常快。碧伟蜓雌虫将卵产在水生植物组织内，卵孵出的幼虫叫水虿，捕食能力强。水虿长大之后爬上岸，并不成蛹，而是直接蜕皮羽化，变成我们熟悉的蜻蜓的样子。

小档案

名称：碧伟蜓。
分类：蜻蜓目蜓科伟蜓属。
分布：中国、日本及朝鲜半岛。
特征：体形大，足部长。

幼虫的颜色

碧伟蜓幼虫生活在水中，它在这个阶段会面临被鱼类捕食的危机，因此幼虫的外表颜色会因栖息地的不同而不同。生活在黄色泥土水域的幼虫，其身体是黄色的；而生活在黑色淤泥水域里的幼虫，身体从孵化起就是黑色的。

梁祝化身

——玉带凤蝶

玉带凤蝶是凤蝶科的一种昆虫，主要分布在亚洲、欧洲。玉带凤蝶特别喜欢花，如马缨丹、龙船花、茉莉花等，常在市区、山麓、林缘和花圃等区域出没。玉带凤蝶是一种对农业有害的昆虫，所以果园工作人员会经常注意对它们的防治。

✗ 小档案

名称：玉带凤蝶。

分类：凤蝶科。

分布：亚洲、欧洲。

生活环境：市区、山麓、林缘和花圃等区域。

🦋 广泛分布

玉带凤蝶的分布范围遍及亚洲和欧洲，它们在亚洲的巴基斯坦、印度、尼泊尔、斯里兰卡、中国等国家很常见，欧洲的俄罗斯也有它们的活动轨迹。

银纹袖蝶破茧而出，从微小的蛹成为绚丽的银色蝴蝶。它在空中飞舞，虽然整体有了改变，但身体还是幼虫时的模样。即便如此，它也可以为自己骄傲。因为它经历了重生，从死亡的躯壳里诞生了新的身体，已成为一只坚强又美丽的蝴蝶。

银色丽人——银纹袖蝶

银纹袖蝶翅膀狭窄，触角较长，腹部细长。翅展60～100mm。因体内含有毒素，故又称毒蝶。听它的名字仿佛是一个俏丽的银色美人，但是要小心，它可是有毒的。

🦋 小档案

名称：银纹袖蝶。

分类：鳞翅目蛱蝶科。

分布：主要分布在南美洲，少数分布在美国南部。

食性：植食。

特征：翅膀上有银色斑纹。

惹人怜爱

  它很美，薄翼略有些透明，翅膀上还有些纤细精巧的细花纹，花纹交错排布，精致、典雅、唯美。人们往往会被它的美貌吸引住。

长途旅行家

——黑脉金斑蝶

黑脉金斑蝶是美洲非常著名的蝴蝶种类之一，黑脉金斑蝶的翅膀呈鲜艳的橘黄色，黑、白、橘三色相间在昆虫界有一种特殊的含义，那就是"小心，我有毒"。黑脉金斑蝶还是喜欢冬眠的蝴蝶，每当天气变冷的时候，它们就会迁徙到树林中冬眠。

小档案

名称：黑脉金斑蝶。

分类：鳞翅目蛱蝶科。

分布：北美洲南部、中美洲、南美洲北部、大洋洲。

生活环境：树林中。

特征：翅膀中心呈橘色，边缘呈黑色，边缘上散布不规则白色斑点。

吃毒药的蝴蝶

黑脉金斑蝶的主要食物是有毒的马利筋属植物，它们不仅能够抵御这类植物的毒素，还能将毒素储存在体内来防止被天敌捕食。

闪耀蓝宝石
——大蓝闪蝶

大蓝闪蝶是蓝闪蝶的指名亚种，也是整个闪蝶属中最大的一种蝴蝶。它的翅展足有15cm长，与其他闪蝶属蝴蝶一样，它的翅膀在阳光照射下会映射出美丽的光。当一群大蓝闪蝶在阳光下起舞的时候，它们的翅膀就会折射出非常绚丽的金属光泽，因此大蓝闪蝶也被称为"蓝色幻影"。它还会通过快速飞行的方式让翅膀不断闪光，从而吓退天敌。

✘ 小档案

名称：大蓝闪蝶。
分类：鳞翅目蛱蝶科。
分布：中美洲和南美洲。
生活环境：丛林中。
特征：翅膀呈蓝色。

 ## 巴西国蝶

大蓝闪蝶主要生活在中美洲和南美洲的丛林之中，这种绚丽的蝴蝶深受当地人的喜爱。巴西甚至还将大蓝闪蝶当作"国蝶"。

 特殊的飞行方式

由于翅膀上的金属光泽过于耀眼，大蓝闪蝶在飞行时很容易被天敌发现。为此，大蓝闪蝶进化出了与其他蝴蝶不同的飞行方式：它们的翅膀正面每隔一段时间才会面向阳光一次，而且速度非常快。

濒危蝴蝶
——美洲蓝凤蝶

美洲蓝凤蝶属于鳞翅目凤蝶科，身体后面的翅膀上有着美丽而奇妙的蓝色花纹，发出金属般的光泽，十分引人注目。而且，蓝凤蝶翅膀上有不同形状的鳞片，经过阳光的照耀，会散发出美丽的光泽。它前面的足已经退化，十分短小，没有爪子。它主要吃马兜铃的叶片和其他植物，生活在北美洲。

✘ 小档案

名称：美洲蓝凤蝶。

分类：凤蝶科凤蝶属。

分布：北美洲。

食性：植食。

特征：后翅上有绚丽的金
属般光泽，具有一
排眼状斑纹。

 # 濒危物种

美洲蓝凤蝶在白天活动，闪闪发光，美
轮美奂，在北美洲大部分地区出没。正因它如
此美丽动人，是蝴蝶收藏家梦寐以求的珍贵蝴蝶，所以被人类大
量捕捉，数量越来越少。

斑马纹蝴蝶

——黄条袖蝶

黄条袖蝶主要分布在北美洲和南美洲的森林中。黄条袖蝶喜群居，但整体数量少。由于翅膀上的条纹和斑马身上的条纹相似，因此又名"斑马长翅蝶"。

🦋 小档案

名称：黄条袖蝶。

分类：鳞翅目蛱蝶科。

分布：北美洲和南美洲。

食性：植食。

特征：翅膀上的条纹和斑马身上的条纹相似。

毒性强

黄条袖蝶的幼虫常以西番莲属植物的叶子为食，这种植物的叶子具有毒性较强的活性生物碱。黄条袖蝶幼虫在进食的过程中会将毒素一同摄入体内，通过它们身体上的刺释放毒素，这样可以有效对抗捕食者的攻击。

主要食物

大部分文蛱蝶喜欢吸食花蜜，有些还会吸食特定植物的花蜜。它们特别喜欢吸食马缨丹花的花蜜，水果的汁水同样也是它们喜欢的"饮料"。

此性雌异形

雄性文蛱蝶与雌性文蛱蝶外观有很大区别。雄性文蛱蝶的翅膀正面是黄色，边缘带有黑色波状条纹；而雌性文蛱蝶多为青灰色，大片白色覆盖在翅膀上。

大型蝴蝶——文蛱蝶

文蛱蝶是一种大型蝴蝶，多分布于缅甸、孟加拉国、中国等国家。它们生活在野外，上午的时候常见它们的身影，因为它们有晒太阳的习惯。它们休息时，偶尔停留在阴暗潮湿的角落或灌木草丛下，一般喜欢集聚在植物上。

🦋 小档案

名称：文蛱蝶。

分类：鳞翅目蛱蝶科。

分布：缅甸、孟加拉国、中国等国家。

食性：植食。

特征：雄性文蛱蝶呈黄色，边缘有黑色波状条纹；雌性文蛱蝶呈青灰色，大片白色泛布其中。

聚集性昆虫

　　文蛱蝶在山间道路旁很难见到，多数是人工养殖的。它们的领地意识很强，在天气炎热的时候，一般在潮湿的地方喝一些污水。而在比较低洼的开阔河滩上，有时可见许许多多的文蛱蝶群集一处，十分壮观。

森林绿皇后

——绿带翠凤蝶

绿带翠属于鳞翅目凤蝶科。分布于中国、韩国、日本等地。翅膀呈黑色，全翅布满了金绿色的鳞片，特别耀眼。由于美丽的外形，绿带翠凤蝶成了蝶类收藏家们喜爱收藏的蝶种之一，并被冠以"皇后蝶"或"森林绿皇后"的美称。

脆弱的羽化期

绿带翠凤蝶成虫在羽化期间不能被触碰，否则，羽化就会失败，甚至造成虫体的残疾。想要看到绿带翠凤蝶展翅飞翔的美丽画面，你需要耐心等待2~3小时。

✖ 小档案

名称：绿带翠凤蝶。

分类：鳞翅目凤蝶科。

分布：中国、韩国、日本等地。

特征：全身以蓝绿色为主。

药用价值

红目天蚕蛾曾被用于进行杂交和变异等遗传学研究，如研究激素对变态和休眠的控制等。

生活习性

它的头上晃着两条弯而长的触角，它停下来时会收起翅膀。

红色天使——红目天蚕蛾

红目天蚕蛾属于鳞翅目天蚕蛾科，主要生活在热带地区。它体形大，翅色鲜艳，翅中各有一圆形眼斑，后翅肩角发达，有些红目天蚕蛾的后翅上有燕尾。

✘ 小档案

名称：红目天蚕蛾。
分类：鳞翅目天蚕蛾科。
分布：中国台湾。
特征：翅中央有一个眼斑。

闻味而来

红目天蚕蛾成虫口器退化，多不取食。雄蛾的羽状触角可以探测远方雌蛾的气味。幼虫体形较大，通常呈绿色，多有鲜艳的瘤和刺等，主要吃树叶。

红色达人

——红线蛱蝶

红线蛱蝶属于蛱蝶科，它的翅呈黑褐色，斑纹呈白色。和其他蝴蝶相比，红线蛱蝶翅膀腹面更加暗淡，这会让有些物种将它们误认为枯叶，从而产生迷惑敌人的效果。

 小档案

名称：红线蛱蝶。

分类：鳞翅目蛱蝶科。

分布：中国。

食性：植食。

特征：翅膀中有一排横向分
布的白斑。

前足退化

　　成虫的前足退化，只能用中、后足爬行。幼虫的毛很多且多刺，用
以保护其头部。结蛹时，上面会有发亮的斑点。

金色花朵
——金凤蝶

金凤蝶又名胡萝卜凤蝶。它体态优雅华贵，翅膀颜色鲜艳美丽。它有"会飞的花朵""昆虫美术家"等多个称号。它的主要食物是茴香、胡萝卜、芹菜的花蕾、嫩叶和嫩芽。它的外表颜色由白色、蓝色、金黄色等多种颜色构成，有光泽，具有很高的观赏价值。

金色花朵

　　凡是爱搜集蝴蝶的人，都盼望着捉到美丽的金凤蝶。金凤蝶的模样与众不同。漫天飞舞的金凤蝶就像一群美丽的仙女，在空中闪着它们的翅膀，又犹如金色的花朵一般向人们展示它们的美貌！这些蝴蝶色彩斑斓，翅膀上的花纹交错相间，高贵美丽。

🦋 小档案

名称：金凤蝶。

分类：鳞翅目凤蝶科。

分布：中国内蒙古、黑龙江、
　　　吉林、辽宁、河北、
　　　河南，欧洲和北美洲。

食性：植食。

特征：翅膀有光泽。

非洲专属
——非洲达摩凤蝶

非洲达摩凤蝶，属凤蝶科凤蝶属的一类昆虫。幼虫体长10~15 mm，黑黄相间的花纹镶嵌在翅膀上，后翅没有尾突。非洲达摩凤蝶是一种大型凤蝶，生活在非洲撒哈拉沙漠以南，包括马达加斯加。幼虫时期喜欢吃芸香科柑橘属植物和豆类植物，是农林害虫的一种。非洲达摩凤蝶的幼虫拥有一个颜色鲜明的叉状器官，被称为臭角，平时隐藏起来，只有在受到威胁时才会从头部伸出来，释放出刺激性气味警示敌人。

✖ 小档案

名称：非洲达摩凤蝶。

分类：鳞翅目凤蝶科。

分布：非洲。

特征：雌蝶的体形比雄
　　　蝶大。

 # 柑橘的天敌

　　雌性非洲达摩凤蝶会在柑橘属植物的叶子上产卵，对于这种农林害虫来说，可谓近水楼台先得月，面对专属美食——柑橘属植物的叶子，它总是能率先大饱口福。

黑色美人
——黑美凤蝶

黑美凤蝶属体形大，翅膀展开非常长，雄性与雌性的外观一般不同。雄蝶身体是黑色的，翅膀有红色斑纹。黑美凤蝶多分布在中国长江以南，也见于日本、印度等国家。黑美凤蝶会危害柑橘、两面针、食茱萸等植物。

✘ 小档案

名称：黑美凤蝶。

分类：鳞翅目凤蝶科。

分布：中国长江以南各省，日本、印度等国家。

食性：植食。

特征：身体黑色，翅膀黑色、红色。

有尾无尾都是它

雄性黑美凤蝶的色彩斑纹大同小异，而雌蝶则差异极大，有的具有尾突，有的没有尾突，更有多种不同的色彩斑纹和形态。

🦋 黑色美人

　　黑美凤蝶身体呈黑色，翅膀有红色和黑色两种颜色。后翅狭长，以黑色为主，旁边有红色斑纹，十分美丽。

橙色佳丽
——橙粉蝶

橙粉蝶是雌雄异形。雄蝶有两种形态，一种前翅正面一半为黑色，另一半为黄色，中部为大块橙色斑，后翅为黄色，外线黑带窄；另一种中部为黄绿色斜带。橙粉蝶幼虫呈圆柱形，蛹在发育时头部朝上，为带蛹。寄主为十字花、豆花、白花菜、蔷薇等。

橙色外形

橙粉蝶外观以黄色为基调，饰有其他色彩的斑纹。前翅三角形，后翅卵圆形。翅膀表面像有一层粉，这是粉蝶科昆虫的特点之一。成虫的前足端部两爪间具有一个中垫（吸盘），因此它们能够停留在竖立的玻璃等光滑的垂直物体表面。

🦋 小档案

名称： 橙粉蝶。

分类： 粉蝶科橙粉蝶属。

分布： 中国。

食性： 植食。

特征： 翅膀边缘呈黑色，中心有橙色、黄色两种颜色。

滑翔之蝶
——黄绿鸟翼凤蝶

黄绿鸟翼凤蝶属于鳞翅目凤蝶科，是一种常于日间飞行的大型蝴蝶，是新几内亚岛的特有品种。翅膀上缤纷的色彩和各式各样的斑纹来自它的鳞片，主要取食马兜铃属植物的叶，喜欢滑翔，飞得较缓慢。

🦋 小档案

名称：黄绿鸟翼凤蝶。

分类：凤蝶科凤蝶属。

分布：新几内亚岛。

食性：植食。

特征：翅膀有黄色、绿色、黑色三种颜色，也有一些特殊个体后翅有红色。

 # 一方霸主

黄绿鸟翼凤蝶一般生活在茂密的热带雨林中，在早上和傍晚的时候十分活跃，并会在花间收集食物。它极具领地意识，会赶走自己领地内的敌人，是一方霸主。它的主要食物是花蜜，幼虫时期喜欢吃马兜铃。

悠闲且迟钝

大帛斑蝶飞行比较缓慢，是一种悠闲的昆虫。当有人靠近时，它也不太容易受到惊扰，所以很容易被人徒手抓住。它身形和颜色也特别美丽，飞起来如风筝一般。

大帛斑蝶的价值

大帛斑蝶的翅膀展开后可达140 mm。翅体为白色，翅脉纹全部为黑色，具有一定的旅游观赏价值和经济价值。大帛斑蝶在采蜜的同时可以为植物授粉，所以又有很高的生态价值。

美丽飞翔者——大帛斑蝶

大帛斑蝶属于蛱蝶科，体形比较大，飞行比较缓慢，而且警觉性低，很容易被人抓住，所以有"大笨蝶"的称号；又因为它飞起来像风筝，所以它又被称为"纸风筝"。

🦋 小档案

名称：大帛斑蝶。

分类：蛱蝶科帛斑蝶属。

分布：马来半岛、印度尼西亚、中国等。

食性：植食。

特征：体形比较大，飞行比较缓慢，翅膀为白色，翅纹为黑色。

珍稀白玉

——白壁紫斑蝶

白壁紫斑蝶属于昆虫纲鳞翅目斑蝶科昆虫，为国内较为罕见的斑蝶，目前，国内仅分布于台湾和云南。国外分布于印度尼西亚、北美洲等地。

北迁的现象

全世界仅发现2处白壁紫斑蝶北迁的现象，一处是墨西哥的白壁紫斑蝶飞往美国；另一处就是中国台湾南部的紫斑蝶迁往北部。

🦋 小档案

名称：白壁紫斑蝶。

分类：鳞翅目斑蝶科。

分布：中国台湾、云南，印度尼西亚和北美洲等地。

生活环境：树林中。

特征：背部有黑、白、蓝等颜色组成的花纹。

闪电出击
——统帅青凤蝶

统帅青凤蝶体形为中型，常常出现在树林等地方。它往往在春、夏、秋这三季出现，以蛹的形式过冬。雌蝶在植物上产卵时会很容易被发现。成虫喜爱在各种花朵中吸蜜，例如马缨丹，幼虫以番茄枝属植物为食。

✖ 小档案

名称：统帅青凤蝶。
分类：凤蝶科青凤蝶属。
分布：中国南部、东南亚
　　　等地区。
食性：植食。
特征：黑褐色翅膀，绿色斑。

 ## 快速飞行

统帅青凤蝶是一种非常活跃的蝴蝶，在花丛中也会不断扇动翅膀，很少停下来休息。它们飞行速度非常快，所以不易被捕捉到。

名字来源

统帅青凤蝶是一种非常活跃的蝴蝶，在花丛中也会不断扇动翅膀，很少停下来休息。

✿ 统帅青凤蝶的繁殖

统帅青凤蝶一年繁育多代，以蛹的形式过冬。它把卵生在植物的新芽或者叶片上，幼虫长大要化蛹的时候，一般在植物叶片下侧头部朝向叶柄进行。

✿ 统帅青凤蝶的名字来源

统帅青凤蝶名字源于《荷马史诗》中的希腊远征军统帅。统帅青凤蝶雌蝶与雄蝶的花纹相似，但躯干比雄蝶的粗、短。

林间枯叶

——枯叶蛱蝶

枯叶蛱蝶是一种大型蝶，一般生活在气候湿润的雨林之中，以腐烂水果及树木汁液为食，是非常典型的腐食性蝴蝶。枯叶蛱蝶的翅膀折起来后，看起来和枯萎的树叶一模一样。

独特的逃生技巧

枯叶蛱蝶在被天敌追捕的时候，会突然以毫无规律的方式胡乱飞行，迷惑住天敌之后，再突然降落到植物叶子里，合上翅膀假装成一片枯叶。

🦋 小档案

名称：枯叶蛱蝶。

分类：鳞翅目蛱蝶科。

分布：亚洲南部。

生活环境：环境湿润的树林里。

食性：腐食。

特征：翅膀长得像枯叶。

狩猎者
——泥蜂

泥蜂是泥蜂总科昆虫的总称，分布于全世界，已知约9000种，在热带和亚热带地区种类和数量较多，北极圈内也有泥蜂分布。某些泥蜂的头或体上由浓密的银色毛组成斑。幼蜂无足，有些在胸部和腹部侧面具有小突起，和成年泥蜂有很大的差别。雌性泥蜂腹部末端螯针比雄性更发达。

🦋 小档案

名称：泥蜂。

分类：膜翅目泥蜂总科。

分布：世界各地。

生活环境：热带和亚热带
地区。

特征：前胸背板短，后角
呈圆瓣状。

🦋 土中筑巢

　　泥蜂大多数在土中筑巢，如沙泥蜂属；某些用唾液与泥土混合成水泥状坚硬的巢，如壁泥蜂属；有些在地上的自然洞穴内或利用其他昆虫的旧巢，如短柄泥蜂属；少数在树枝内或竹筒内筑巢，如某些小唇泥蜂。土中筑巢的巢穴结构、巢室的数量、入口处的形状因不同的属或种而异。

过街老鼠
——蚊子

蚊子是一种生活中常见的昆虫，每当夜晚入睡前就会在人耳边嗡嗡飞个不停，非常烦人，是令人讨厌的四害之一。生活在人类身边的雌蚊会叮咬人类，吸食血液，被蚊子叮咬之后的皮肤会出现令人奇痒难耐的肿包。可蚊子的害处不仅于此。由于蚊子并不只叮咬人类，它们还会叮咬各种动物，因此会携带许多病菌和病原体，会造成多种疾病的传播，危害人类健康。

🦋 小档案

名称：蚊子。

分类：双翅目蚊科。

分布：世界各地。

特征：飞的时候发出嗡嗡的声音。

水中的童年

蚊子的幼虫叫孑孓（jié jué），是一种生活在水中的昆虫。孑孓依靠吃水中的微生物存活，十几天就能化成蛹，成蛹后再过两天，就会羽化为蚊子成虫。

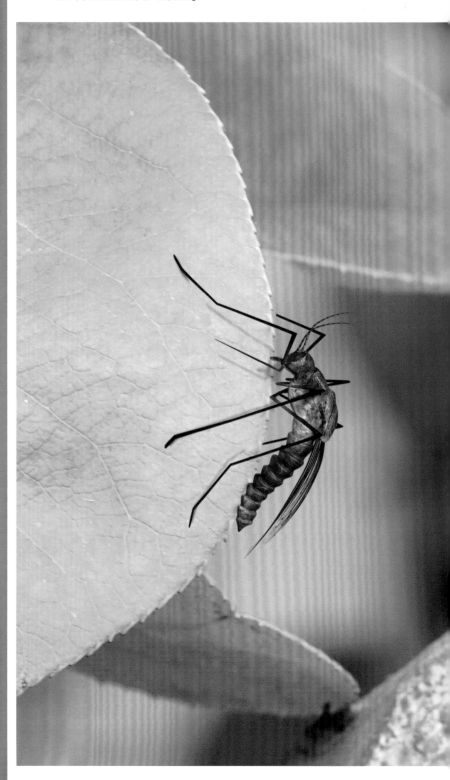

🦋 吸血必备品

　　蚊子之所以能够从血管中吸取血液，是因为它们的唾液。蚊子的唾液中含有许多能够阻止血液凝固的酶，这些酶保证了蚊子在进食过程中不会被凝固的血液堵住口器。

人类附属
——家蝇

家蝇是一种与人类密切相关的害虫。只要有人类生活的地方，无论是山地还是平原，几乎都会有家蝇的身影。家蝇依赖着人类住房内部的温暖环境，以人类的食物残渣及垃圾为食。虽然家蝇是人见人厌的害虫，却在农牧业、工业甚至医药业都有非常大的贡献。

✖ 小档案

名称：家蝇。
分类：双翅目蝇科。
分布：世界各地。
生活环境：温暖、食物丰富的地方。
特征：眼睛呈暗红色。

有人就有我

　　家蝇的分布范围超乎你的想象。按理来说，它们不擅长抵御寒冷，也就不应当出现在寒带或高山等气温很低的地方，但是这些地方只要有人类居住，家蝇就会在人类温暖的房间里开始迅速繁殖。

弹跳高手
——绿豆蝇

绿豆蝇，学名丝光绿蝇，比普通的苍蝇略大一些，是生活中常见的害虫之一。它们会成群结队地聚集在腥臭的腐肉附近，是非常喜欢肮脏环境的昆虫。绿豆蝇不仅喜欢吃腐烂食物和粪便，还会一边吃一边排泄，绿豆蝇具有舐（shì）吸式口器，会污染食物，传播痢疾等疾病。

🦋 小档案

名称：绿豆蝇。

分类：双翅目丽蝇科。

分布：中国、朝鲜、日本、俄罗斯等。

生活环境：腐肉附近。

特征：躯体泛出光亮的金属色泽，分为蓝绿色和金色，并伴有黑色的斑纹。

 超强的繁殖能力

　　雌绿豆蝇喜欢在腐败的动物尸体等处产卵，幼虫以腐蚀组织为食。绿豆蝇具有一次交配可终身产卵的生理特点，一只雌蝇一生可产卵5～6次，每次产卵数100～150粒，最多可达300粒。一年内可繁殖10～12代。

科研助手
——果蝇

果蝇是一种体形极小的昆虫，成虫身体只有3~4 mm，比芝麻大不了多少。因为体形太小，所以对果蝇科昆虫的鉴定也比较困难。虽然果蝇很不起眼，但在全球范围内，已发现的果蝇科昆虫已经超过1000种，是一个非常庞大的家族。果蝇喜欢在植物果实上产卵，也正因为如此，才给人一种"烂水果会生果蝇"的印象。

🦋 小档案

名称：果蝇。
分类：双翅目果蝇科。
分布：温带及热带气候区。
生活环境：有酵母菌滋生的环境。
特征：体形极小。

 ## 敏感的果蝇

果蝇对家居装修材料产生的有毒气体（例如甲醛）非常敏感，会因这些室内空气污染物而出现异常反应。

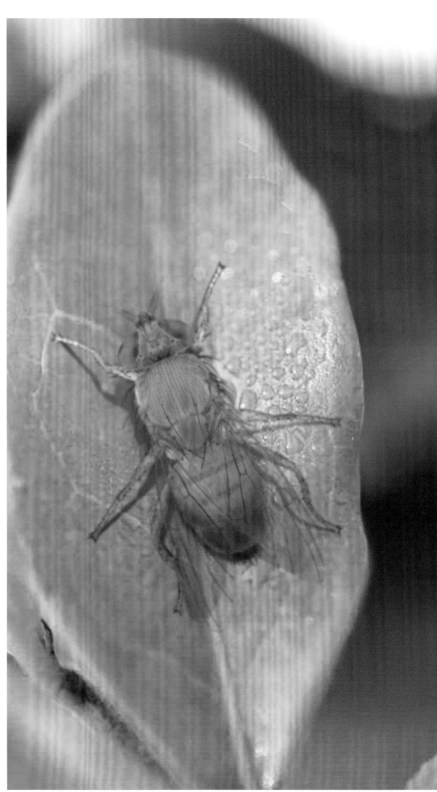

小身体，大贡献

　　果蝇的体内只有四对形状差别很大的染色体，但这四对染色体会出现多种显性变异，这些变异对遗传学的研究起到了很大的作用。

没有斑点的七星瓢虫

七星瓢虫身上的斑点是在破蛹后到鞘翅变硬的过程中长出来的。如果这时七星瓢虫受到惊吓进入假死状态的话，它们的斑点就再也不会出现，会变成一只没有斑点的七星瓢虫。

田间卫士

七星瓢虫是一种捕食类的昆虫。它们拥有非常厉害的口器，会大量捕食蚜虫、臭虫等农业害虫，对农业大有裨益，甚至被人们授予了"活农药"的光荣称号。

田间小卫士——七星瓢虫

七星瓢虫的身体像半个圆球一样，红色的翅膀外层硬硬的，上面生有七个黑色圆点图案，因此被称为七星瓢虫。七星瓢虫是蚜虫的天敌，雌虫会专门寻找有蚜虫的植物并在上面产卵。从幼虫时起，七星瓢虫就开始以蚜虫为食，植物上蚜虫越多，它们吃得就越多，甚至连越冬都不会离蚜虫聚集的地方太远。

✖ 小档案

名称：七星瓢虫。

分类：鞘翅目瓢虫科。

分布：我国东北、华北、华中、西北、华东及西南地区。

特征：鞘翅上有 7 个圆形黑点。

吞噬同类

七星瓢虫有吃卵的习性，成虫喜欢吃掉己产下的卵块，幼虫则有互相捕食的习性，同一卵块中早孵出的个体常吃掉尚未孵化的卵粒，大龄幼虫常吃掉小龄幼虫，蛹也常被成虫和大龄幼虫吃掉，在七星瓢虫中，吞噬同类己是司空见惯。

害虫的克星
——十三星瓢虫

在我们的印象当中，十三星瓢虫大多都给人一种小巧玲珑的印象。不过它们可是真正的害虫克星，不论成虫还是幼虫都捕食棉蚜、槐蚜、麦长管蚜、豆长管蚜、麦二叉蚜等害虫，保护着我们的树木和庄稼。它们在中国一般分布于吉林、河北、山东、河南等地区。

✖ 小档案

名称：十三星瓢虫。

分类：鞘翅目瓢虫科。

分布：中国吉林、河北、山东、河南等地区。

生活环境：森林或草丛中。

特征：鞘翅上有 13 个黑点。

假死与保护液

在面对天敌的时候，十三星瓢虫有两种手段：一种是分泌出黄色的、气味极难闻的液体来吓走敌人。如果敌人不惧怕这种气味，十三星瓢虫就会用第二种手段——"装死"来欺骗敌人。

顶级制蜜师
——蜜蜂

在小小的蜂巢里，藏着一个庞大的蜜蜂家族。一只蜂后带领着一大群工蜂和雄蜂共同生活。蜜蜂的适应能力极强，从热带雨林到北极圈，只要有植物需要授粉的地方，就有蜜蜂的身影。蜜蜂虽然个头很小，却肩负着维持生态平衡的重任，它们能够将植物的花粉散播到很远的地方，帮助植物更好地结出果实。

✖ 小档案

名称：蜜蜂。

分类：膜翅目蜜蜂科。

分布：世界各地。

特征：尾部带螫刺。

 # 蜜蜂成长史

　　随着工蜂们年龄的增长，它们会不断更换工作：刚刚成年的小工蜂们全都留在蜂巢里，负责照顾幼虫；等它们能够记住蜂巢位置之后，就可以筑巢和外出去采蜜；年长的工蜂们则担当"侦察员"，为族群寻找蜜源。

毛虫克星
——姬蜂

姬蜂是姬蜂科昆虫的总称，种类繁多，遍布世界，在我国就有7000多种。所有姬蜂科昆虫都有一个共同特点，即以寄生方式生存。姬蜂所选的寄主大多是农、林害虫，在一定程度上为人类提供了帮助。

✖ 小档案

名称：姬蜂。
分类：膜翅目姬蜂科。
分布：世界各地。
特征：以寄生方式生存。

 ## 毛虫克星

在作物生长季节的农田中，有许多啃食植株的毛虫，而它们正是姬蜂的寄主之一。由于姬蜂的寄生，许多毛虫被消灭，农田中的作物得到保护。

🐝 智慧不凡

聪明的侧腹栉姬蜂有充满智慧的过冬方式。在寒冷无比的冬天，它们会聚集到一起抵御寒冷，在进食的时候不需要离开群体取食，而是通过互相传递的办法得到食物。这样可保持群体的温度不变或少变，以利于安全越冬。

生长迅速

胡蜂属于完全变态发育的昆虫，是由卵发育而来，最后可发育为成虫，并且每个阶段的形态完全不同，生长速度快，从幼虫羽化为成虫仅需要2~3周的时间。

最强攻击者

胡蜂有很强的攻击性，遇到强有力的对手，或者受到攻击等不友善行为时，胡蜂会用螯针刺入对方身体，并分泌毒素，对手短时间内就会产生中毒反应，甚至发生死亡。

凶残好斗——*胡蜂*

胡蜂又称马蜂，广泛分布于全世界。提起这种蜂，很多人都感到十分害怕，因为此种蜂比较常见，人一旦被蛰，其毒液就会被人体吸收，对人造成巨大危害。

✖ 小档案

名称： 胡蜂。

分类： 膜翅目胡蜂总科。

分布： 世界各地。

食性： 主要以植物花的花蜜为食。

特征： 身体呈黑色，有斑点以及黄色条纹，有螯针。

具有群居性

　　胡蜂有群居习性，大量胡蜂会居住在蜂巢里，并且蜂巢会逐渐增大，蜂巢常建造于树木上方。胡蜂一般在春季一天中的中午，正值气温最高时开始出蛰，在温度适宜时，开始筑巢。

中型蜜蜂
——无垫蜂

无垫蜂是蜜蜂科无垫蜂属昆虫的统称，它的名字来源于后足没有爪垫，它们的腹部一般有黑色或彩色条纹。主要分布在亚洲和大洋洲。

✘ 小档案

名称：无垫蜂。

分类：膜翅目蜜蜂科无垫蜂属。

分布：亚洲、大洋洲。

特征：腹部有黑色或彩色条纹，后足无爪垫。

带"锁"的昆虫

　　无垫蜂有一个非比寻常的技能，即一旦咬住东西就会自动"上锁"。黄昏时，它们就会集体在植枝上找住处，用强而有力的颚紧紧咬住枝条睡觉。

高级麻醉师
——寄生蜂

寄生蜂是小蜂科、姬蜂科及茧蜂科等种类昆虫的总称，成年寄生蜂通常会寻找可寄生的宿主，将卵产到被寄生宿主的体表或者体内，卵和幼虫则从宿主的身体获取营养来孵化和发育。因为寄生蜂的宿主选择多为毛虫等昆虫幼虫或卵块，对目标宿主的杀伤力非常大，因此寄生蜂被视为害虫的天敌，对植被和农作物有很强的保护作用。

小档案

名称：寄生蜂。
分类：膜翅目细腰亚目。
食性：肉食。
特征：不筑巢。

 高级麻醉师

　　无论是内寄生还是外寄生，寄生蜂都需要在宿主无法反抗时产卵。而寄生蜂能够分泌一种麻醉液，通过产卵器注入宿主体内，使宿主完全丧失反抗能力。

缓慢的飞行者
——泥蛉

泥蛉是泥蛉科昆虫的统称，触角长，呈丝状；两对翅较大，前翅长，部分后翅折叠如扇。成虫行动迟钝，飞行力弱，常栖于岸边植物。幼虫水生，在池、河底爬行，以小昆虫为食。

✖ 小档案

名称：泥蛉。
分类：广翅目泥蛉科。
分布：欧洲。
生活环境：凉爽、潮湿的环境。
特征：有十分宽大的翅膀。

生活习性

泥蛉多在夜间活动，白天驻足在水边植物上，夜晚会在空中飞行。有的泥蛉种类还有假死习性，即受惊后会落地装死，受惊后坠落水面也能移动。泥蛉没有集群和迁移的习性，常生活在一个地方，一般分散活动。

蜗牛捕食家
——台湾窗萤

台湾窗萤是一种仅生活在中国台湾的萤科昆虫。它是一种肉食性昆虫，在从幼虫到成虫的整个阶段中，台湾窗萤都以蜗牛及螺类为食，甚至会捕捉非洲大蜗牛的幼体。台湾窗萤雌虫与雄虫的外观区别很大，只有雄虫才拥有完整的翅膀，可以四处飞。

🦋 小档案

名称：台湾窗萤。
分类：鞘翅目萤科。
分布：中国台湾。
生活环境：潮湿环境。
特征：翅边缘呈橘色，尾部能发光。

 ## 化蛹没有壳

在台湾窗萤幼虫长到一定月龄后，它们会爬到石头缝隙或是树洞里藏起来，直接蜕皮进行化蛹，并不会制作茧来保护自己。

独特的移动方式

　　与大多数萤科昆虫的幼虫不同的是，台湾窗萤的幼虫可以用尾足抓住地面来行走。可它们的尾足却不是爪子或昆虫步足的形状，而是类似于小毛刷，依靠毛刷状肌肉的褶皱丛来抓住地面。

水域昆虫世界

深海寿星
——螯龙虾

螯龙虾是节肢动物门软甲纲的动物，是昆虫的近亲，但不属于昆虫。巨大的螯钳是它们最大的特征。螯龙虾属其实只有3个种类而已，分别是生长在北美洲大西洋海域的北美螯龙虾、生长在欧洲大西洋海域的欧洲螯龙虾和生活在南非地区的南非螯龙虾。螯龙虾一般以海里的小型贝类及鱼类为食，在食物少的时候，也会偶尔吃一些海草。

✕ 小档案

名称：螯龙虾。
分类：节肢动物门软甲纲。
分布：北美洲、欧洲及南非附近海域。
生活环境：600 m深的海洋中。
食性：肉食。
特征：双螯很大。

奇妙的蓝色

早在2008年9月，几个捕虾人偶然在英国抓到了一只蓝色的螯龙虾，足有2.25 kg重。经研究认为，蓝色螯龙虾的出现是由于这些龙虾体内的某种蛋白质过量，与它们体内的虾青素结合后，才形成的宝蓝色。

海洋活化石
——鲎

鲎（hòu）是一种非常古老的生物，它们从4亿年前的泥盆纪就开始生活在地球上，与三叶虫一样古老，它们和螯龙虾都属于节肢动物。现存的鲎只有4个种类，它虽然长得很像螃蟹，却和螃蟹没有丝毫血缘，反倒和蝎子、蜘蛛还有三叶虫是亲戚。如今，鲎在中国已被列为国家二级保护动物。

✕ 小档案

名称：鲎。
分类：节肢动物门肢口纲剑
尾目鲎科。
分布：亚洲及北美洲东海岸。
生活环境：浅海。
特征：马蹄形的头和细细的
尾巴。

 # 蓝色的血液

　　鲎的血液是蓝色的，里面含有丰富的铜
离子。科学家发现鲎的血液提取物对检测人体
组织是否感染细菌非常有效，在食品和制药业上，这种提取物对
毒素污染检测也有奇效。

轻功水上漂
——水黾

水黾是一种生活在水面上的昆虫，总是安静地卧在水面上，等待猎物的出现。水黾的捕食范围很广，从掉落到水面的小飞虫到漂浮的死鱼、死虾，只要是出现在水面上的肉食都是它们的美味佳肴。水黾的足上有非常敏锐的感觉器官，能够帮助它们感受到昆虫在水面上的各种活动，这样它们就可以快速滑动，赶过去捕食猎物。

小档案

名称：水黾。
分类：半翅目黾蝽科。
分布：中国华北、东部及南部地区。
食性：肉食。
特征：身体细长、腿很长。

 ## 吸食体液

水黾的足上长满了超疏水性的刚毛，这些刚毛能够阻挡水滴打湿水黾的足，帮助它们站在水面上，而不会沉到水里去。

掉进水里会怎么样？

水黾一生都生活在水面上，它们不会在水中游泳，如果强行把一只水黾按入水中的话，它很快就会沉入水底。

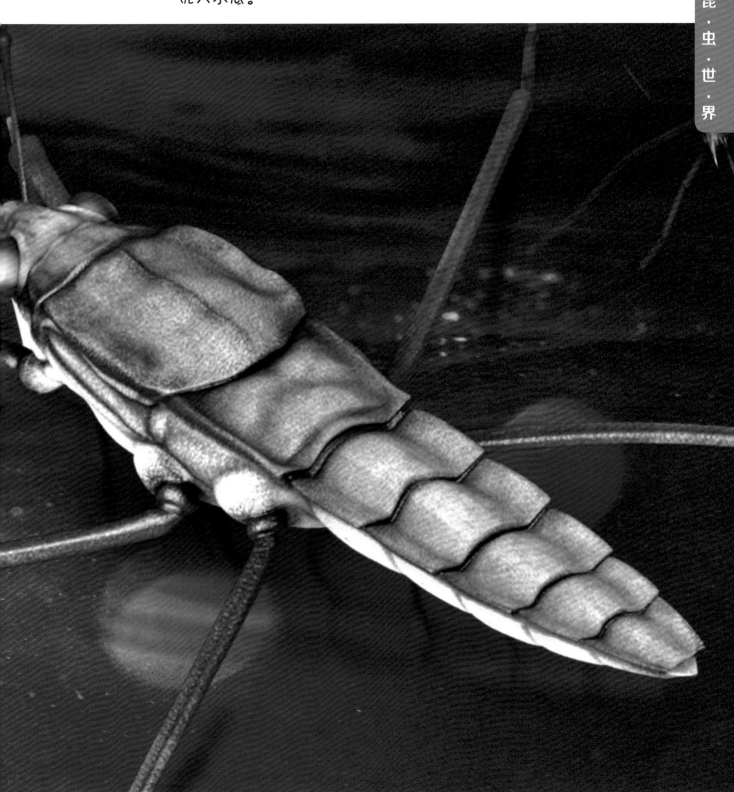

水中人参
——龙虱

　　龙虱，俗名水鳖，是鞘翅目龙虱科的昆虫，它既能游泳，又善于飞行，多生活在水草多的池塘、沼泽、水沟等淡水水域。龙虱是一种药食两用的昆虫，营养丰富，被誉为"水中人参"。

✖ 小档案

名称：龙虱。

分类：鞘翅目龙虱科。

分布：中国广东、湖南、福
建、广西、湖北等地。

食性：肉食。

特征：一对后足专门用来
游泳。

 # 奇特的呼吸方式

　　龙虱的腹部长有两个气门，气管是贯
通全身的组织。龙虱的鞘翅和腹部间储存着空
气，空气中的氧气通过气管供给体内。当龙虱潜到水中时，就带
着这部分空气，仿佛带着一个"氧气罐"。龙虱的气管同气泡内
部相通，渗入气泡中的氧气会不断流向气管，供龙虱呼吸。

水虫堂螂
——中华螳蝎蝽

中华螳蝎蝽又名水螳螂，也叫螳蛉蝽，属于半翅目蝎蝽科。中华螳蝎蝽属于肉食性昆虫，强而有力的镰刀状前足是它的常用武器。它主要以守株待兔的方式捕捉小鱼、小虾、蝌蚪等生物，再以刺吸式口器吸食猎物的体液。

行走的镰刀

　　中华螳蝎蝽最大的特点是它的胸前有一对镰刀状的捕捉足，可以折叠，伸展开时可以捕捉猎物。这让动起来的中华螳蝎蝽看起来就像扛了两把巨大的镰刀。

✘ 小档案

名称：中华螳蝎蝽。

分类：半翅目蝎蝽科。

分布：中国。

生活环境：水中。

特征：有两只镰刀状的捕捉足。

四眼水甲
——豉甲

豉甲由于体形小，像豆瓣，所以俗名叫"豉豆虫"。豉甲常常集群生活在水塘、湖等安静的水域，捕食落在湖面的昆虫和其他生物。它们有两对复眼，上面一对在水面上，下面一对在水下，这样就可以同时观察水面上和水面下的情况，也正因此得到"四眼水甲"的称号。当受到威胁时，它们会快速回旋游动。成虫受惊时会排出一种气味难闻的乳状液体，是它们的防御技能。

✘ 小档案

名称：豉甲。

分类：鞘翅目豉甲科。

分布：湖面或水塘等平静的水域。

食性：肉食。

特征：身体像豆瓣，呈黑色，有光泽。

生长方式

雌虫产圆柱形卵于水中植物上，化蛹期幼虫出水，背朝下用钩挂在岸边植物上，以污物和唾液成蛹。

🐞 科学价值

　　鼓甲拥有坚硬不易弯曲的外骨骼，这使得它看起来更像一艘微型硬壳船。利用足部与翅膀产生的推进力，鼓甲可以在水面快速旋转。根据鼓甲这一特点，工程师们研制出多功能水陆两用车。

水生昆虫
——划蝽

划蝽是半翅目划蝽科昆虫的总称。体长不足13 mm，身体扁平光滑。黄褐色的底色上有类似斑马的条纹。后足桨状，使划蝽能够在水底活动。

小档案

名称：划蝽。

分类：半翅目划蝽科。

分布：世界各地。

生活环境：水中。

特征：足的边缘有毛，后足像桨。

自然界噪声之王

划蝽能够使用外生殖器官"唱歌"。从体长来看，划蝽仅是一种弱小的昆虫而已，但是千万不要被它们弱小的外表所蒙骗，它们可以用仅有头发丝一般纤细的外生殖器官"高歌一曲"，声音很大。

草丛昆虫世界

CAOCONG
KUNCHONG
SHIJIE

除害能手

——中华刀螳

中华刀螳，又名中华大刀螳，体长68～95 mm。中华刀螳的身体大部分时间是绿色的，到了秋天逐渐变为褐色，以适应环境。中华刀螳是益虫，从小到大的捕食对象都是害虫，它们经常出现在玉米地、稻田地、果树林里。

胃口好，不挑食

中华刀螳是螳螂界有名的"大胃王"。它们从小就有捕食小型昆虫的能力，随着身体逐渐长大，它们捕食的能力和对象也在逐渐增加，甚至能捕食上百种害虫，是稻田和果园的除害高手！

✖ 小档案

名称：中华刀螳。

分类：螳螂目螳科。

分布：中国东部。

生活环境：农田中。

特征：捕食害虫种类多，捕食量大，繁殖力强。

风卷残云

——蝗虫

蝗虫又被称为蚂蚱。蝗虫的口器非常利于切断及咀嚼植物茎叶，因此它们对植物的取食速度非常快。在缺乏食物或者气候干旱的时节，蝗虫经常会啃光植物，造成寸草不生的灾害局面。又因为蝗虫擅长飞行，所以形容蝗虫大面积聚集的情况时，有"飞蝗过境，寸草不生"的俗语。

 小档案

名称：蝗虫。

分类：直翅目蝗亚目。

分布：亚洲、非洲、大洋洲
的澳大利亚等地区。

食性：植食。

特征：细长的身子和强有力
的后腿。

蝗灾危害

蝗灾，是指蝗虫引起的灾害。一旦发生
蝗灾，大量的蝗虫会吞食禾田，使农作物完全
遭到破坏，引发严重的经济损失甚至饥荒。蝗虫通常喜欢独居，
危害有限。但它们有时候会改变习性，变成群居生活，最终大量
聚集、集体迁飞，形成令人生畏的蝗灾，对农业造成极大损害。

稻田收割机
——中华稻蝗

中华稻蝗分布于中国、朝鲜、日本、越南、泰国等地。它们的名字里虽然有个"稻"字，却不只以水稻为食，它们还喜欢吃玉米、水稻、小麦、高粱、甘薯、白菜等作物。在干旱的年份，中华稻蝗食量特别大，是有名的农业害虫。

✘ 小档案

名称：中华稻蝗。

分类：直翅目斑腿蝗科。

分布：中国、朝鲜、日本、泰国、越南等地。

生活环境：稻田中。

特征：头部有一对丝状触角；后足发达，擅长跳跃。

🦗 分布广泛

中华稻蝗在我国广泛分布，北起黑龙江，南至广东，尤其在南方十分常见。它一共有三对足，头上有一对丝状触角，这些特征使它辨识度较高。

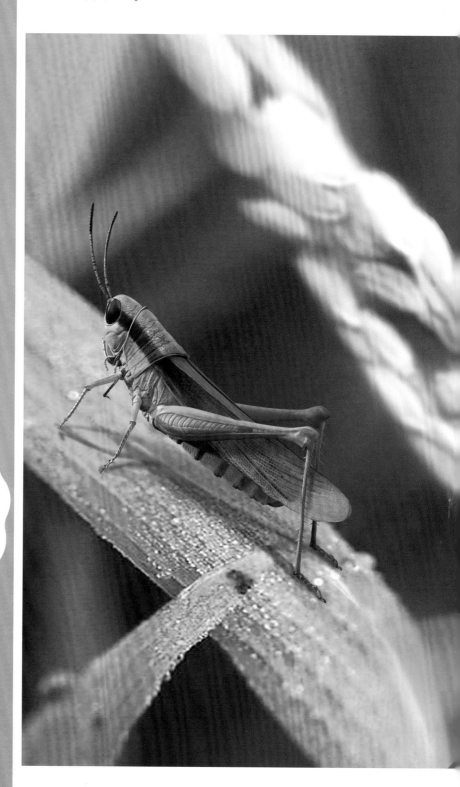

擅长跳跃

中华稻蝗每年发生一代，"一蹦老高，一跳老远"成为它分布广泛的主要原因。它的第三对足格外修长有力，在自然光的照射下，散发着绿光。当它休息时，这两只足很自然地放松，一旦遇上危险，便马上跳跃到其他地方，速度很快。

蝗中巨人

——棉蝗

棉蝗是一种体形较大的蝗虫。和其他蝗虫一样，棉蝗的口器非常利于切断和咀嚼植物的茎叶，并且采食范围广泛，对多种植物都有极大危害。在棉蝗繁殖数量较大的时期，它们经常会将遇到的植物全部啃食干净，所到之处，寸草不生，会对农业造成极大的损害。人们往往利用麻雀、青蛙、大寄生蝇等棉蝗天敌对其进行防治。

✖ 小档案

名称：棉蝗。

分类：直翅目斑腿蝗科。

分布：中国、越南、朝鲜、日本、印度尼西亚和尼泊尔等。

食性：植食。

特征：体形大，后足粗壮有力。

蹬倒山

棉蝗在民间还有个霸气的外号——蹬倒山，字面意思就是它的力量很大，甚至能把山蹬倒。把山蹬倒虽然不可能，但它粗壮有力的后足确实让那些想捕捉它的人犯难。因为棉蝗一旦被捉住，就会拼命用后足挣扎，强大的力量加上后足上面一排尖刺，很容易造成人的皮肤出血。

弹跳高手
——日本黄脊蝗

日本黄脊蝗与棉蝗相似，是蝗虫中体形较大的一种，主要生活在中国、朝鲜、伊朗北部、印度和日本。人们会抓它们来熬制中药，它们主要出现在草丛中或者田地间。

✖小档案

名称：日本黄脊蝗。

分类：斑腿蝗科。

分布：中国、朝鲜、伊朗北部、
印度、日本。

特征：后足股节外侧中隆线
具黑色纵条纹。

 ## 会飞的弹跳高手

　　日本黄脊蝗有一双弹跳力极好的双腿，能轻松一跳就得到高处的食物；而且它还长着一双飞行能力很强的翅膀，能够帮助它进行长距离移动，且在受到攻击的时候它们能快速躲避对手的攻击。

同伴背着走
——短额负蝗

短额负蝗是一种通体翠绿色、头尾尖尖的锥头蝗科昆虫。它们多生活在绿色植被丛中，依靠自身保护色来躲避天敌。短额负蝗在从孵化到成虫的过程中，并没有完全变态。它们的若虫与成虫外貌很像，在第五次蜕皮之后开始羽化，成为能够飞行的成虫。

✖ 小档案

名称：短额负蝗。

分类：直翅目锥头蝗科负蝗属。

分布：中国、日本、越南。

食性：植食。

特征：通体绿色，头部尖细。

 长长的菜单

短额负蝗作为危害植被的害虫之一，采食范围比较广泛：除了禾本科的植物之外，就连美人蕉、一串红、菊花、海棠花、木槿等花卉都在它们的"菜单"上。

🦗 不发达的翅膀

短额负蝗的翅膀较短，并不擅长飞行，因此无法进行远距离移动，活动范围比较小。这也使人类防治短额负蝗灾害方面工作相对简单。

作物害虫
——横纹蓟马

横纹蓟马是体形很小的缨翅目昆虫，有着一双细长且有力的翅膀，头上有鬃毛，短而多。常生活于植物表面。因为体形小，所以是植物表面难以消灭的害虫。

✖ 小档案

名称：横纹蓟马。

分类：缨翅目纹蓟马科。

分布：主要分布于中国云南等地。

食性：杂食。

特征：体形小，头部长，有两只触角。

植物危害者

横纹蓟马常存在于豆科植物上，如四季豆、扁豆、豌豆等植物的叶子表面以及花内，是豆科植物上难以消灭的害虫之一。横纹蓟马也会时常对棉花作物产生危害，使大片的棉花作物受到严重影响。

制毒专家
——芫菁

芫菁是芫菁科昆虫的统称，常常成群地啃食植物。在幼虫过多的情况下，它们蜕变完成后便会危害作物。芫菁能够分泌出斑蝥素，科学实验表明，斑蝥素毒性强大，仅1.5g就能使一名成年人丧命。虽然斑蝥素具有剧毒，但从中提取的成分却可以用来治疗皮炎、水疱。

✘ 小档案

名称：芫菁。

分类：鞘翅目芫菁科。

分布：世界各地。

食性：成虫植食，幼虫肉食。

特征：身体细长，背部有黄、
黑两种颜色，具有鞘翅。

特殊的繁殖方式

　　芫菁的幼虫趁雌蜂产卵的时候移动到卵上面，以吸食卵汁为生，然后完成自己的第一次蜕皮；完成第一次蜕皮的二龄幼虫以卵边上的蜂蜜为食；三龄幼虫为拟蛹，在壳里面一动不动，蜕壳后成为四龄幼虫，再经历一次睡眠就成为成虫了。

拳师螳螂
——巨腿螳

巨腿螳是中等大小的螳螂，它的前足股节进化成叶状，犹如戴着拳击手套，因此又名"拳师螳螂"。

 ### 稀有种类

巨腿螳属于花螳科巨腿螳属，这个属下的种类较少，全世界大约有20种，国外主要分布在印度等热带地区；国内分布较少，主要集中在中国南部，例如海南、云南、广东。

拟态天才

巨腿螳可以拟态叶。一些巨腿螳把胸腹、胫节、股节上长出的突起，拟态成树叶、树枝和树疤来迷惑小虫。标志性特征是有两把"大刀"，即前肢，上有一排坚硬的锯齿。

罕见的美貌

如此美丽的兰花螳螂一直到1994年才被人真正发现并命名。直到现在,这些隐藏在植物花朵中的兰花螳螂也极难被发现。

捕食与漫长等待

兰花螳螂通过伪装来等待猎物落网,它们需要在植物上等待很久,直到有飞虫靠近它们所在的花朵。在生长过程中,兰花螳螂隔几天才需要进食一次。

叶上花瓣——兰花螳螂

兰花螳螂可以算是螳螂目昆虫中最漂亮的一种螳螂了。生活在花瓣上的它,整个身体也变成花瓣的样子。兰花螳螂凭借这样的伪装,将自己彻底隐藏在花朵之中,以守株待兔的方式捕捉猎物。兰花螳螂的伪装极其精妙,不仅昆虫和鸟类无法发现它们,就连人类也经常无法识破它们的伪装。

✄ 小档案

名称:兰花螳螂。

分类:螳螂目花螳科。

分布:东南亚。

生活环境:植物上。

特征:体表颜色鲜艳,身体像花瓣。

变化的外衣

兰花螳螂的体表颜色会随着年龄增长而变化。初生的雌性兰花螳螂是红黑相间的颜色，等到第一次蜕皮后会变成白色与粉红色相间的颜色，而成年后会变成浅黄色。

最佳影帝
——枯叶螳螂

枯叶螳螂，顾名思义，这种螳螂就像深秋枯萎的树叶一样，因此仅凭肉眼很难察觉到它的存在，其中雌性枯叶螳螂的伪装比雄性更加逼真。但实际上，它的存在感是很强的，因为它可以捕食40多种害虫，苍蝇、蚊子、瓢虫等都是它的主要捕食对象。枯叶螳螂主要生活在东南亚热带雨林地区，如马来西亚等国的热带雨林中。

🦋 小档案

名称：枯叶螳螂。

分类：螳螂目螳科。

分布：东南亚。

生活环境：热带雨林地区灌木丛和草丛中，可人工饲养。

特征：像枯萎的树叶。

 # 伪装高手

　　枯叶螳螂全身呈棕色，它的胸部和收拢的翅膀恰似半片枯叶，它的足犹如残叶叶柄，触角好似枯叶的脉络。在昆虫界，它就像一个优秀的演员，以擅长用整个身体伪装成枯叶而出名。

带"刺"的花朵

——刺花螳螂

刺花螳螂是花螳科的一种螳螂，原产于非洲东部和南部，后作为观赏性昆虫引进我国。刺花螳螂因全身带刺而得名，一般捕食苍蝇，蝴蝶等昆虫。它们善于伪装自己，当猎物靠近时，就挥舞着镰刀状的强力前肢，牢牢压制住猎物。

🦋 小档案

名称：刺花螳螂。

分类：螳螂目花螳科。

分布：非洲东部和南部。

生活环境：热带地区，可人
工饲养。

特征：身上布满刺，外翅有
明显的眼斑。

 ## 生活习性

刺花螳螂是昼行性昆虫,常栖息在树上，喜欢在花叶之间活动,以蟋蟀、果蝇等昆虫为食。刺花螳螂虽然有一双美丽的翅膀,但除了交配季节以外,雄性极少飞行，只有雌性经常飞行，也因此常有被捕食的风险。

🦋 生长变化

　　刺花螳螂的生命周期将近一年，若虫要经历多次蜕变才会发育成成虫。若虫和成虫的外观有巨大的差异，一龄时期的刺花螳螂若虫通体黑色，也没有刺，直到五龄时期身体才会出现白、黄、绿等颜色。

音乐家
——暗褐蝈螽

暗褐蝈螽属于蝈蝈的一个品种，翅膀长度超过体长。一般雌性身体大过雄性，雌雄身体颜色也稍有不同。暗褐蝈螽的叫声不比其他蝈螽优美，因为蝈螽在中国市场上是按照鸣叫声音的优美程度来分辨价格高低的，所以说暗褐蝈螽价格不高。蝈螽在中国的种类繁多，人们时常可以在树林里或草丛中听见它们的鸣叫。

✖ 小档案

名称：暗褐蝈螽。
分类：直翅目螽斯科。
分布：中国。
生活环境：树林及草丛中，
　　　　　可人工饲养。
特征：体色通常为绿或褐色，
　　　条纹上布满褐色斑点，
　　　呈花翅状。

交配方式

　　暗褐蝈螽的雌虫一般找体形较大的雄虫交配，交配前雄虫会大声地鸣叫，之后雌虫的触角会与雄虫的触角对碰一下，好像在传递信息，触角对碰后才会把生殖器对接进行交配。

农业害虫
——硕蝽

硕蝽属于半翅目荔蝽科。分布在中国、越南、缅甸等地。硕蝽是一种果树害虫，寄主为板栗、白栎、苦槠、麻栎、梨树、梧桐、油桐、乌桕等。若虫、成虫刺吸新萌发的嫩芽，会造成顶梢枯死，严重影响果树的开花结果。

✖ 小档案

名称：硕蝽。

分类：半翅目荔蝽科。

分布：中国、越南、缅甸等。

生活环境：树木上。

特征：头小，三角形。触角
　　　基部 3 节深红褐色。

 # 农业害虫

成虫吸食嫩梢和叶片汁液，使梢枯萎，使叶片发白。如果要根治它，冬、春季清除园内落叶及园内外其他植物近地面落叶，生长季节清除园内外杂草。

吸血鬼
——锥蝽

锥蝽因头部狭长，像极了锥子而得名。这一物种会传播传染病，其中一些生活在家具中的锥蝽是传播美洲锥虫病的主要媒介。

锥蝽在广州俗称"木虱王"，体长25 mm左右，呈椭圆形，颜色黑色或者是暗褐色。它们以脊椎动物的血液为食，喜欢寻找皮肤较薄的区域下口，比如人的面部，同时也会叮咬人的其他部位。

🦋 小档案

名称：锥蝽。

分类：半翅目猎蝽科。

分布：美洲、中国南部。

生活环境：栖于人类居所附近。

特征：头狭长似锥子，专门叮咬人。

 ## 接吻虫

这听起来相当浪漫的名字来源于它们独特的吸血方式。皮肤较薄的区域是它们最喜欢下口的地方，如唇部、眼睑等。它们所咬的伤口也无疼痛感，且单次吸血量很大。

🦇 传播疾病

锥蝽能够引发叫作"美洲锥虫病"的寄生虫病，因感染者在患病初期出现与患艾滋病相似的症状，且其具有多年潜伏期，所以很难被察觉到。因此，世界卫生组织将锥蝽列为世界上最致命的15种动物之一。

臭气专家
——大田负蝽

大田负蝽又名大田鳖，成虫体长60～70 mm，是一种攻击性非常强的大型昆虫。大田负蝽喜爱栖息在光线充足的水域，通常聚集在稻田或鱼塘之中，依靠强有力的前足来捕食鱼虾或者蛙类。

✂ 小档案

名称：大田负蝽。
分类：半翅目负子蝽科。
分布：中国及东南亚各国。
食性：肉食。
特征：头下有一对强有力的前足。

臭味十足

称霸水域的大田负蝽在面临天敌的时候，也有非常强大的逃脱技能。它们的臭腺非常发达，在面临危险的时候，会喷出奇臭无比的液体，使捕食者立刻"倒胃口"。

噬菌昆虫
——扁蜉

扁蜉多生活于腐烂的倒木树皮下，常成群聚居，以细长的口针吸食腐木中的真菌菌丝。卵多为鼓形或长卵形，产于植物表面或组织内。

✖ 小档案

名称：扁蜉。

分类：半翅目扁蜉科。

分布：世界各地。

生活环境：栖息于腐烂树木中。

特征：身体扁平，背部有各种瘤突与褶皱。

 ## 遍布世界

扁蜉遍布世界各地，已知的有1900余种，中国已知120余种。中国常见的扁蜉有中华脊扁蜉、双尾脊扁蜉、伯扁蜉、茯苓喙扁蜉等。

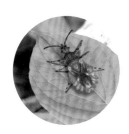

栖息大师

　　当它们栖息在树皮或叶上时，这些昆虫多会模拟附近环境的颜色（棕、绿或金属色）和形状（椭圆、宽或稍微有点凸），融入其中。头和前胸构成一个尖端向前的三角形，背上的这种三角形（小盾板）区很大，形成一个盾牌状突起，遮住整个腹部。

放臭气的害虫

——舟猎蝽

舟猎蝽简称蝽，人们称它为"臭板虫"，是猎蝽科的害虫。舟猎蝽多数为植食性，危害果树、森林或杂草，刺吸其茎叶或果实的汁液；少数为肉食性，捕食其他小虫；也有一部分生活在水中，捕食小鱼或水生昆虫。

✖ 小档案

名称：舟猎蝽。

分类：半翅目猎蝽科。

分布：中国福建、江苏，缅甸，印度尼西亚等地。

食性：植食。

特征：体长 7 ~ 8 mm，体色呈黄色，头前方两侧有两个向下生的锐刺。

臭屁王

舟猎蝽是有名的臭气专家，它们具有臭腺，在幼虫时位于腹部背板间，成虫时则转移到后胸的前侧片上，遇危险时便分泌臭液，借此自卫逃生，这使它"臭名远扬"。

瓜果劲敌
——瓜褐蝽

瓜褐蝽，为蝽科害虫，从名字中就能看出，它们主要危害瓜类作物。常几只或几十只集中在瓜藤基部、卷须、腋芽和叶柄上为害，初龄若虫喜欢在蔓裂处取食。

🦋 小档案

名称：瓜褐蝽。

分类：半翅目蝽科。

分布：主要分布在淮河以南地区。

食性：喜食植物根蔓。

特征：身体长卵形，紫黑或黑褐色，稍有铜色光泽，密布刻点。

 # 瓜褐蝽危害

　　瓜褐蝽的若虫喜欢在蔓裂处取食；成虫常集中在瓜藤基部、卷须、腋芽和叶柄上吸食汁液，造成瓜藤枯黄、凋萎，对植株生长发育影响很大。

假死的高手

菜蝽的成虫具有假死技能，受惊后缩足坠地，以此来诱骗自己的天敌，保护自己。有时候也会振翅飞离，以此来躲避可能出现的危险。

十字花科害虫——菜蝽

菜蝽，半翅目蝽科害虫。呈椭圆形，体长6~9 mm，体色橙黄或橙红，有黑色斑纹。

菜蝽的成虫和若虫均以刺吸式口器吸食植物的汁液，它们的唾液对植物组织有破坏作用，被刺处留下黄白色或微黑色斑点。幼苗子叶期受害严重时，随即萎蔫干枯死亡；受害轻时，植株矮小。在开花期受害时，花蕾萎蔫脱落，不能结荚或结荚不饱满，使菜籽减产。

✖ 小档案

名称：菜蝽。

分类：半翅目蝽科。

分布：中国。

食性：植食。

特征：椭圆形的身子，体长6~9 mm，颜色红黑相间。

繁殖的冠军

每只雌虫一生最多可产卵200粒。雌虫产卵于叶背，卵单层成块，排列整齐。

昆虫刺客
——猎蝽

猎蝽是猎蝽科昆虫的统称，种类繁多，分布在世界各地，如蜂猎蝽、蚊猎蝽、刺猎蝽等。从名字中的"猎"就能看出，它们是捕食性极强的昆虫，能捕食蚂蚁、蜘蛛等多种动物，是名副其实的昆虫刺客。

✖ 小档案

名称：猎蝽。
分类：半翅目猎蝽科。
分布：世界各地。
食性：杂食。
特征：身体上密布黏性毛。

 ## 无情猎手

猎蝽在捕捉到猎物后，会用钢针一样的口器插入猎物体内，注入有麻痹和消解功能的唾液，最后通过吸食的方式吃掉猎物。

农林保卫者

　　猎蝽的捕食对象大多是农林害虫，如棉铃虫、松毛虫、舞毒蛾等，在猎蝽的捕食下，这些害虫的数量得到控制，在很大程度上保证了农林作物的安全。

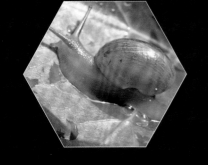

保护黏液

蜗牛的黏液拥有非常多的用处。这些黏液不仅能够在它们爬行的时候进行润滑，还能保护它们柔软的身体不被地面磨损，因为黏液的特殊性，它们就算是在刀刃上爬行也不会受伤。

螺旋背壳

蜗牛从出生起就背着一个螺旋形的壳。这个壳里面并不是空的，蜗牛的内脏器官全部都被保护在壳里，当蜗牛遇到天敌的时候，就会将整个身体全部收进壳中。

背着房子去旅行——蜗牛

蜗牛是一种背着厚壳的无脊椎动物。它们的身体非常柔软，依靠背上的壳来保护自己。蜗牛的生存适应能力非常强，它们拥有独特的自愈能力，身体和外壳受到损伤后，还能分泌一种物质来进行修复。它们一般生活在阴暗潮湿的疏松土壤里，偶尔会爬到植物叶子的背面进食。因为蜗牛经常啃食植物茎叶和花果，经常破坏农田，因此在农业上被视为害虫。

🦋 小档案

名称：蜗牛。
分类：软体动物门腹足纲柄眼目。
分布：世界各地。
食性：植食。
生活环境：阴暗、潮湿。
特征：背上有圆圆的壳。

牙齿最多

　　蜗牛是世界上牙齿最多的动物，它们的"齿舌"上排列着数万颗牙齿。在蜗牛的一生里，这些小牙齿会随着使用慢慢钝化并被新的牙齿取代。不过虽然牙齿数量多，但蜗牛并不能咀嚼食物，只能用齿舌将食物磨碎。

格斗专家
——蟋蟀

蟋蟀是一种极为常见的昆虫，早在一亿年前就已经生活在地球上。从古代起，"斗蟋蟀"这项活动就非常流行。不同种类的蟋蟀长相略有不同，但通常都有两条长须、富有光泽的身体和两只坚实有力的后足。蟋蟀的后翅非常发达，能够进行短距离飞行，但它们常用跳跃的方式逃离危险。

✗ 小档案

名称：蟋蟀。

分类：直翅目蟋蟀科。

分布：世界各地。

生活环境：土壤湿润的地方。

特征：有两条或三条"尾巴"。

长长的尾巴

　　雄性蟋蟀的尾部长有两条长长的尾须，看起来非常飘逸。而雌性蟋蟀在两条尾须之间，还生有一条比尾须更长的产卵器。这是判断蟋蟀雌雄最直接的办法。

长腿绅士
——盲蛛

盲蛛是一种身体椭圆、步足细长的蜘蛛。它们的背部高高隆起，前侧有一对臭腺，能够帮助它们躲避天敌。盲蛛生活在潮湿的草丛、墙角及山林里，依靠捕捉小型昆虫及寻找植物碎屑为食。在蛛形纲动物从生活在海洋到生活在陆地的进化过程中，盲蛛是进化得非常完善、成熟的种类。

小档案

名称：盲蛛。

分类：节肢动物门蛛形纲盲蛛目。

分布：亚洲。

生活环境：潮湿地区。

特征：有细长的足。

进化成熟

　　盲蛛完全改变了身体的外形和生理系统来适应陆地环境。例如，盲蛛的身体上拥有能够防止水分蒸发的蜡质层，以保证它们能够承受阳光直射；也出现了能够适应水下和陆地的两套呼吸系统。

树林昆虫世界

SHULIN
KUNCHONG
SHIJIE

甜蜜的危险
——蚜虫

蚜虫，又称腻虫、蜜虫，是一类植食性昆虫。蚜虫的大小不一，身长从1 mm到10 mm不等，是地球上最具破坏性的害虫之一，对农林业和园艺业有严重危害。它们在世界范围内分布十分广泛，主要集中于温带地区。蚜虫可以进行远程迁移，主要扩散方式是随风飘荡，它也可以借助一些人类活动进行迁移。例如，人类对附着蚜虫的植物进行运输等。蚜虫的天敌有瓢虫、食蚜蝇、寄生蜂、食蚜瘿蚊、蟹蛛、草蛉以及一些昆虫病原真菌。

蚜虫危害

蚜虫吸食植物汁液，会造成植物营养流失，而且它们腹部有一对腹管，用于排出可迅速硬化的防御液，成分为甘油三酯。这不仅阻碍植物生长，还会造成花、叶、芽畸形。蚜虫会危害多种经济作物，由于它们寻找寄主植物时要反复转移尝试，所以会在许多植物之间传播多种病毒，造成更大的危害。

✖ 小档案

名称：蚜虫。

分类：半翅目胸喙亚目。

分布：温带地区。

食性：植食。

特征：柔软的身体和奇特的分泌物。

黄色大军
——夹竹桃蚜

夹竹桃蚜是一种危害夹竹桃科和萝藦科植物的蚜虫。它们群聚在嫩叶、嫩梢上吸食汁液，经常将嫩梢全部盖满，致使叶片卷缩、生长不良，严重时会影响新梢的生长，还会对花朵造成不良影响。它们分泌的蜜露常粘在叶子表面，会阻碍植物正常发育。

🦋 小档案

名称：夹竹桃蚜。

分类：半翅目蚜科。

分布：中国南部。

食性：植食。

特征：黄色的卵形身体，成群栖息在夹竹桃等植物上，会分泌黏液。

繁殖特点

　　夹竹桃蚜一年繁殖20余代，常在植物顶梢、嫩叶处越冬，第二年4月上、中旬开始缓慢活动。全年均可见到此虫，但尤以5～6月数量最大。夹竹桃蚜在一年内有两次危害高峰期，即5～6月和9～10月。7～8月因温度过高和各种天敌的制约，数量较少，危害较轻。

世界级害虫
——烟粉虱

烟粉虱这种害虫现在是世界各国的难题，烟粉虱借助花卉及其他经济作物的苗木迅速扩散，在世界各地广泛传播。它们繁殖速度快，寄主广泛，世代重叠，现在各国研发的化学农药对其伤害性不大，而且这种害虫对各种化学农药极易产生抗体。

小档案

名称：烟粉虱。
分类：半翅目粉虱科。
分布：世界各地。
食性：植食。
生活环境：树木和农作物上。
特征：虫体淡黄白色到白色；复眼红色，单眼两个；触角发达。

繁殖速度惊人

　　烟粉虱可全年繁殖，多在叶背及瓜毛丛中取食，卵散产于叶背面。若虫初孵时能活动，低龄若虫灰黄色，定居在叶背面，类似介壳虫。烟粉虱可在30种植物上传播70多种病毒。烟粉虱发育速率快，吸取食物后很快就可以变为成虫。

微型害虫
——圆跳虫

圆跳虫是一种弹尾目的六足动物，密集时形似烟灰，又称烟灰虫。圆跳虫喜欢阴暗潮湿、富含腐殖质的环境，在腐枝烂叶堆积的阴暗地方都可以发现它们的踪迹。圆跳虫形如跳蚤，也可以灵活地弹跳，没有翅膀，不能飞行，但是有弹尾可以灵活跳跃。它们的体表是油质的，所以不怕水，有积水时还可以浮在水面上。

小档案

名称：圆跳虫。
分类：弹尾目圆跳虫科。
食性：植食。
特征：细小的身子和弹尾。

生活习性

圆跳虫喜欢潮湿的环境，腐烂物质、菌类是它们的主要食物。它们喜欢集群活动，擅长跳跃，一处植物上常有数百甚至几千只圆跳虫。圆跳虫畏光，喜欢聚集在阴暗处，一旦受惊或见光，会马上跳离躲入黑暗的角落。成虫还喜欢有水的环境，它们常浮在水面上，可在水上弹跳自如。

🦟 生长发育

　　圆跳虫繁殖速度快，一年至少可以繁殖4代。它们生长繁殖周期短，当温度和湿度适宜时，每年甚至可以繁殖6～7代。它们的卵是白色球形，半透明，常产于食用菌培养料内或覆土层上。幼虫体形基本与成虫相似，体表是银灰色。成虫外形像跳蚤，体长1～1.5 mm，肉眼难以看清，体色是淡灰色或灰紫色，可以快速爬行，稍遇刺激即以弹跳方式离开或假死不动。

吃肉的毛虫

太平洋的夏威夷海岛上生活着世界上唯一一种肉食毛虫，这种毛虫的伪装技术非常巧妙，还拥有非常高超的捕食技巧，甚至能捕捉飞在空中的小型鸟类！

真假八对脚

毛虫虽然只有三对胸足，但毛虫还有几对由肌肉组成的"腹足"，这些腹足虽然不是真正的足，但也能用来走路，还能帮助毛虫在进食时抓住叶子。

剧毒的装饰——毛虫

　　毛虫是鳞翅目昆虫（蝶类及蛾类）的幼虫。这种昆虫大部分生活在植物上，以植物的茎叶为食，经常会造成植物的叶片缺损甚至死亡。毛虫的身体非常柔软，爬行速度非常缓慢，是许多鸟类等动物喜爱的食物。为了保护自己不被吃掉，毛虫通常会通过进化出各式各样的拟态、色彩斑斓的花纹或有毒的毛来保护自己。

"毛毛虫"

　　许多毛虫为了保护自己，进化出了带毒的毛。这些毛虫通常在食物中获取毒素，并囤积在体外的针毛上。人类如果不慎触碰到它，毛虫的毛刺入人体，其注入的毒素可能会引起皮炎。

✘ 小档案

名称：毛虫。

分类：鳞翅目。

分布：世界各地。

生活环境：植物外表。

蛋白质饲料宝库

——黄粉虫

黄粉虫又叫面包虫，属于鞘翅目拟步甲科昆虫。原产于北美洲，20世纪50年代被引入我国饲养。黄粉虫干品脂肪含量达到30%，蛋白质含量高达50%，此外，还含有磷、钾、钠等常量元素和多种微量元素，有很高的营养价值。

✖ 小档案

名称：黄粉虫。

分类：鞘翅目拟步甲科。

分布：北美洲。

生活环境：温暖、通风、干燥、避光。

特征：喜群居，喜暗光，黄昏后活动较盛。

种族厮杀

　　黄粉虫的幼虫和成虫之间有大吃小的习性，缺少食物时成虫就会吃掉幼虫，幼虫有时也会咬伤蛹。因此，要将不同龄期的黄粉虫（卵、幼虫、蛹、成虫）分开，放在各自的饲养箱中饲养。

绸缎纺织家
——桑蚕

桑蚕是一种拥有完全变态发育过程的昆虫。桑蚕的卵只有芝麻粒大小，刚孵化出的小桑蚕和蚂蚁一样大，通体呈黑色，在出生两个小时后就会开始啃食桑叶。经过第一次蜕皮之后，桑蚕就会变成白色软绵绵的样子。等到最终从蚕茧中破茧而出后，桑蚕会变成大肚子的蚕蛾，产卵后结束其一生。

🦋 小档案

名称：桑蚕。
分类：鳞翅目蚕蛾科。
分布：温带、亚热带及热带地区。
食性：植食。
特征：幼虫通体白色，结白色茧。

爱睡觉的蚕

桑蚕的饭量极大，身体长得也非常快，等身体长到一定程度后就需要蜕皮，这时的桑蚕就会用少量的丝将自己固定好，像是睡着一样一动不动，开始为蜕皮做准备。

蚕蛾不会飞

破茧而出的蚕蛾长得很像蝴蝶，肚子却比蝴蝶要大得多。正因为它们的翅膀太小了，翅膀没办法托起大大的肚子，所以蚕蛾根本没办法飞起来。

奇形怪状
——锹形虫

锹形虫，亦称锹甲，是锹甲科昆虫的统称。全球范围内都有多种锹形虫分布，其中部分种类由于体形大、外形奇特而为大众喜爱和收藏，并作为宠物来饲养和繁殖，具有较高的经济和文化价值。

小档案

名称：锹形虫。
分类：鞘翅目锹甲科。
分布：世界各地。
食性：杂食。
特征：巨大的上颚。

◆ 生活习性

　　锹形虫大多以植物汁液或花蜜为食，少部分种类是肉食性昆虫。成虫多在夜间活动，大部分种类具有趋光性，也有一些种类白天活动。锹形虫的幼虫的食性是腐食，栖息在树根部，能帮助分解朽木和腐殖质，具有独特的生态作用。

丑角甲虫
——长臂天牛

长臂天牛是原产于拉丁美洲地区的大型甲虫，身上有黑色与淡红色相间的精细图纹，翅翼表面有彩色的斑纹。长臂天牛又叫丑角甲虫，这与它们身体上的彩色花纹有关。

✘ 小档案

名称：长臂天牛。
分类：鞘翅目天牛科。
分布：拉丁美洲。
生活环境：热带雨林中。
特征：前足长，色彩鲜艳。

超长前足

　　长臂天牛是天牛科中前足最长的昆虫，雄虫的前足长度甚至要超过身体长度，有些能达到身体长度的2倍。这超长的前足既是高效的爬树工具，又是吸引雌性的利器。

竹笋天敌
——大竹象

大竹象是一种主要危害竹笋的害虫，在我国南部地区广泛分布。大竹象的幼虫会在竹笋的蛀道中向上爬行，爬至竹笋顶梢咬断笋梢，幼虫连同断笋一起落地。然后它们会带着笋筒在地面爬行，找到合适的地点钻入土中化蛹。而大竹象成虫则会飞上竹笋啄食笋肉，它们对青皮竹、撑蒿竹、水竹、绿竹、崖州竹等许多种丛生竹都有极大的危害。

✕ 小档案

名称：大竹象。

分类：鞘翅目象甲科。

分布：中国浙江、福建、台湾、江西、湖南、广东、广西、四川、贵州等地。

生活环境：竹林中。

特征：三对足等长。

 ## 色彩鲜艳

大竹象刚刚羽化时的体色是鲜黄色的，出土后会变化为橙黄色、黄褐色或黑褐色，在前胸背板后部中间还有一个呈不规则形状的黑色斑点。它们前足的腿节和胫节与中、后足的腿节和胫节一样长，前足胫节内侧有稀疏的棕色短毛。

短途飞行的日间行者

　　大竹象成虫一般在早上开始活跃，上午和下午是它们最活跃的时间，中午、夜晚和雨天一般落在竹叶背面和地面的隐蔽处。大竹象成虫飞行能力强，但在竹林中只进行短距离的飞行，飞行时会发出嗡嗡声。

黑甲战车
——中华扁锹甲

中华扁锹甲属于鞘翅目锹甲科，雄虫体长2～9cm，身体呈黑褐色，表面有金属光泽，体形稍扁，颚发达，颚上有齿状排列。因为中华扁锹甲极具观赏价值，所以在昆虫爱好者之中很有市场，是一种较为常见的宠物锹甲。

小档案

名称：中华扁锹甲。
分类：鞘翅目锹甲科。
分布：中国、朝鲜和韩国。
食性：杂食。
特征：黑亮的鞘翅和巨大的颚。

繁殖方式

　　中华扁锹甲是雌雄异体的昆虫，繁殖方式为体内受精。雌虫会将卵产在朽木内。人工环境饲养时，可以购买观赏锹甲专用的产木，在其中埋入发酵木屑后压实作为产房。雌雄配对后，将雌虫放入产房中，30～45天后即可取得幼虫或卵。

红褐装甲

——姬深山锹形虫

姬深山锹形虫主要分布在中国台湾、福建、浙江等地，是全球已知上千种锹形虫中的一种。因为姬深山锹形虫的虫体优美，颜色鲜亮，还有突出的巨大上颚等特点，所以是昆虫爱好者十分喜爱的观赏锹形虫之一。

✖ 小档案

名称：姬深山锹形虫。

分类：鞘翅目锹甲科。

分布：中国台湾、福建、浙江等地。

食性：植食。

特征：红褐色的身体和巨大的上颚。

外部特征

姬深山锹形虫雄虫体色呈红褐色，大颚内弯幅度很大，大颚顶端分叉，基部有大内齿，分叉和大内齿之间还有4~8个小内齿，大型个体大颚的左右常常是不对称的。

甲虫之王
——独角仙

独角仙，学名双叉犀金龟，可以称得上是最出名的大型甲虫了。它的头上长着一只威武的长角，胸节上也有一只比较小的角，再加上黑色或者红棕色的甲壳，让这只大甲虫看上去威武不凡。

在野外的独角仙会霸占一些有腐烂水果或者树皮破损流出树汁的地方，用来吸引雌性，雄性则趁着雌性进食的时候交配。如果有其他独角仙也想来分一杯羹，就要先把原来的主人打败才行。

✖ 小档案

名称：双叉犀金龟。
分类：鞘翅目犀金龟科。
分布：中国、朝鲜、日本。
生活环境：树木上，可人工
　　　　　饲养。
特征：头顶有一个分叉的
　　　大角。

容易饲养的独角仙

独角仙很容易饲养，在野外采集到的雌性独角仙大多已经交配过，只要给它们提供合适的腐殖土或者发酵木屑，几天之后就会看到土中出现白色的卵。

 **大力士**

　　独角仙的身体和角有着惊人的称重能力，它能够举起比自身重百倍的物体，是名副其实的昆虫大力士。

会飞的伐木工
——天牛

天牛是天牛科昆虫的统称。这类昆虫全部被认为是害虫，因为它们酷爱啃食树木，甚至也会在木制建筑物上钻洞，非常讨厌。天牛科的昆虫都非常擅长飞行，同时身体庞大、力气也很大，因此得名"在天上飞的力大如牛的昆虫"——天牛。

✖ 小档案

名称：天牛。

分类：鞘翅目天牛科。

分布：世界各地。

生活环境：树木中。

特征：体形呈长圆筒形，背部略扁，触角长。

最大天敌

天牛科昆虫最大的天敌是管氏肿腿蜂。这种蜂会捕捉天牛科的幼虫，注射毒液将它们麻痹之后拖到隐蔽的地方，在它们的身上产卵。被寄生的天牛只能一动不动地被肿腿蜂幼虫吃掉。

昆虫界大长腿
——步行虫

步行虫是步甲科昆虫的统称。这类昆虫以腿长而闻名，因为大部分步行虫日常生活在地面或者树上，所以它们的翅膀已经完全退化。步行虫是典型的食肉昆虫，全科近3万种之中只有极少数爱吃草，绝大部分都是以毛虫和其他昆虫的幼虫为食。在北美洲，农林从业者还会专门引进步行虫来防治毛虫灾害。

🪲 生活习性

　　成虫可在成熟的豆粒上或田间豆荚上产卵，每只可产卵70～80粒。各虫期均可在豆粒中越冬，而虫蛹会在第二年春天羽化。在温暖地区，绿豆象一年中可连续繁殖，比如在中国南方甚至可达9代。成虫擅飞翔，并有假死习性。

可爱金龟子

——大王花金龟

取食花粉的大王花金龟身体多毛，能帮助植物授粉。飞行时发出嗡嗡声。边缘黄色、褐色相间；取食无花果等植物。其幼虫（蛴螬）是土地中的主要害虫之一，常将植物的幼苗咬断，使之枯黄死亡。

身体特征

　　将大王花金龟放到手中，就可以发现它的头部很小，约占全身的八分之一；头部有一双短小的触角，口器在触角的下方，很发达；它有两片棕色或淡黑的翅盖，在下面有一对小翅膀。再将它翻过来，这个乱爬的小东西便会假装死去，趁它装死的时候，可以发现它的腹部呈淡黄色或白色，有浅浅的皱褶。

❋ 小档案

名称：大王花金龟。

分类：鞘翅目金龟科。

分布：中国。

食性：植食。

特征：体宽，背面扁平。大
　　　多色彩美丽，有粉状
　　　薄层。

不挑食的宠物

如果想养蒙瘤犀金龟，买个宠物箱，放点能够营造出它的生存环境的材料，如树皮、木屑等，再给它放上爱吃的甜食，它就可以很好地生存了。

打洞的高手

蒙瘤犀金龟是中国南部较为常见的犀金龟品种，它经常在湿润的黄土坡中钻洞躲藏，因此需要较高的打洞效率，而向上弯起的强大角突正是它提升打洞效率的有效工具。

短小精悍——蒙瘤犀金龟

蒙瘤犀金龟属于犀金龟科中的害虫。蒙瘤犀金龟一年发生一代，每年5月至9月为成虫发生期，主要危害植物的根部。成虫喜欢在植物根部附近打洞，因此寄主植物根部附近的土地表面会形成众多虫洞。

✗ 小档案

名称：蒙瘤犀金龟。

分类：鞘翅目犀金龟科。

分布：中国南部、缅甸、泰国等地。

生活环境：湿润土壤中，可人工饲养。

特征：背部黑褐色，腹部及足黑褐色略泛红，全身油亮。

蒙瘤犀金龟的危害

蒙瘤犀金龟数量过多的话，成虫会对树木造成严重的损害。它们破坏性极强，主要危害杜英、珊瑚树等植物，会在寄生植物根部的附近打洞，根部会形成许多虫孔。

雨林巨人
——南洋大兜虫

南洋大兜虫也称为阿特拉斯大兜虫，是犀金龟科的一种昆虫。它是一种大型昆虫，长得像希腊神话中的擎天巨人阿特拉斯，因此而得名。南洋大兜虫属于夜行性甲虫，通过卵生方式繁殖后代，广泛分布于东南亚地区。

✖ 小档案

名称：南洋大兜虫。
分类：鞘翅目犀金龟科。
分布：东南亚。
生活环境：热带雨林中。
特征：身形巨大，有三个长
　　　而锋利的角。

🦋 饲养

　　由于南洋大兜虫的颜值和无敌的战斗
力，很多人喜欢饲养它们。因为成虫的寿命
只有4~6个月，所以一般是从幼虫开始饲养的，幼虫以腐殖土为
食。它们需要蛋白质含量高的食物，才能成长为巨大的成虫。

犀牛角
——五角大兜虫

五角大兜虫又名细角疣犀金龟。已知的细角疣犀金龟共有五个种，全部分布于中国云南、广西到中南半岛一带，颜色鲜艳。黑亮的前胸背板上有独特的4个胸角，加上头部的头角，搭上黄色的鞘翅，造型独特美丽。一般国际标本市场常见的五角大兜虫加工品来自泰国，在中国的西南也有同样的品种，只不过鞘翅颜色稍微深一点，体形也普遍小一点。

🦋 小档案

名称：五角大兜虫。
分类：鞘翅目犀金龟科。
分布：中国云南、广西到中南半岛一带。
生活环境：树木茂盛地区，可人工饲养。
特征：头部和前胸背板大多有明显突出的分叉角，形似犀牛角。

🦋 分布区域

在树木茂盛的地区，五角大兜虫尤为常见。以桑、榆、无花果等树木的嫩枝或一些瓜类的花为食，人工养殖难度不大。它的种类和数量在我国较少。

繁殖生存

它一年发生1代，成虫通常在每年6~8月出现，多为昼伏夜出，有一定趋光性，主要以树木伤口处的汁液或熟透的水果为食，对作物林木基本不造成危害。幼虫以朽木、腐殖质为食，所以多栖居于草房的屋顶间、木屑堆、肥料堆乃至垃圾堆中。

地下杀手
——大青叩头虫

大部分叩甲科的昆虫为中小型，头小，体狭长，末端尖削且略扁；有些大型种类则体色艳丽，具有光泽。大青叩头虫 体色为深绿色，体表的细毛或鳞片状毛形成不同的花斑或条纹。大青叩头虫属于完全变态昆虫，幼虫身体细长，颜色金黄，生活史较长，2～5年完成一代。

叩头

叩头虫俗名磕头虫。被猎物抓住时能正向叩头；翻倒在地，腹部朝天时能反向叩头，使身体翻转，因此深得小朋友们的喜爱，常常被抓来当玩具，在福建等地常被称为"跳跳虫""跷跷板"。

✘ 小档案

名称：大青叩头虫。
分类：鞘翅目叩甲科。
分布：中国台湾、福建。
生活环境：低海拔地区。
特征：头小，体长，身体略扁。

长"鳃"的金龟
——东北大黑鳃金龟

东北大黑鳃金龟是一种主要生活在中国北方地区的鳃金龟科昆虫。这种昆虫的体形很大，椭圆形的身体足有2 cm长，全身都是黑色的，背部还十分有光泽。东北大黑鳃金龟的触角是鳃叶形状的，因此而得名。

小档案

名称：东北大黑鳃金龟。
分类：鞘翅目鳃金龟科。
分布：中国北部。
特征：通体黑色。

农业害虫

东北大黑鳃金龟是植食性昆虫，果树等各种各样的农作物都在它们的取食范围内。成虫喜爱啃食叶片，幼虫会啃断植物幼苗的根茎。

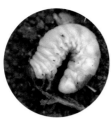

 **幼虫**

东北大黑鳃金龟的幼虫是乳白色的，有黄褐色的头，身体上长着稀疏的刚毛。幼虫没有足，只有用来移动的钩状刚毛群。

繁殖专家

春季，马铃薯甲虫产卵于叶子背面，单体可产卵300～500粒。老熟幼虫入土化蛹，一年发生1～3代。在合适的条件下，该虫的数量往往急剧增长，若不加以防治，1对雌雄个体5年之后就可产生千亿个个体。

超级传播者

马铃薯甲虫的身体较小，在风的助力下，它们的飞行覆盖面积非常惊人。它们的移动方向与风向一致的时候，成虫最远可被大风吹到350 km以外的地区。

入侵物种——马铃薯甲虫

马铃薯甲虫是鞘翅目叶甲科的一种昆虫，外观呈短卵圆形，体背显著隆起，有光泽，是世界上著名的检疫性害虫。除对马铃薯造成毁灭性灾害外，还危害番茄、茄子、辣椒、烟草等茄科植物。2020年9月15日，马铃薯甲虫被我国农业农村部列入一类农作物病虫害名录。

✖ 小档案

名称：马铃薯甲虫。
分类：鞘翅目叶甲科。
分布：亚洲、欧洲。
生活环境：马铃薯等作物上。
特征：足短，转节呈三角形，股节稍粗且侧扁。

马铃薯甲虫的危害

　　马铃薯甲虫是分布最广、危害最大的马铃薯害虫。成虫和幼虫都很贪食。种群一旦失控，成虫和幼虫可把马铃薯叶片吃光，尤其是马铃薯始花期至薯块形成期受害最重，对产量影响最大，严重时可导致绝收。

横冲直撞

——黄褐丽金龟

黄褐丽金龟成虫体长1.5~1.8 cm，身体呈黄褐色，有光泽。前胸背板隆起，色深于鞘翅，两侧呈弧形，后缘在小盾片前密生黄色细毛。黄褐丽金龟因为飞行不稳定，经常没有明确方向地乱飞，所以又被人称作"瞎虫"。

✘ 小档案

名称：黄褐丽金龟。
分类：鞘翅目丽金龟科。
分布：中国。
食性：植食。
特征：鞘翅呈黄褐色。

 # 植物害虫

　　黄褐丽金龟的幼虫是主要的地下害虫之一，常将植物的幼苗咬断，导致植物枯黄死亡；成虫也是危害农作物的主要害虫。因此，控制其数量对农业和林业增产至关重要。

榛树天敌
——榛实象鼻虫

榛实象鼻虫是鞘翅目象甲科的一类昆虫，主要分布于辽宁、吉林、黑龙江、北京、内蒙古等地，是天然榛树林及人工榛树经济林中的主要害虫。幼虫会危害榛树果实，成虫取食幼嫩的芽、叶及枝。

小档案

名称：榛实象鼻虫。

分类：鞘翅目象甲科。

分布：辽宁、吉林、黑龙江、北京、内蒙古等地。

生活环境：树木上，可人工饲养。

特征：喙部似象鼻。

幼虫危害

它的身材虽小，但危害很大。榛实象鼻虫幼虫危害榛树的果实，成虫补充营养时取食榛树幼嫩的芽、叶及枝，严重影响榛子的产量。

🦋 虫害防治

对于泛滥的榛实象鼻虫，防治方法尤为重要。因其发生面广，生活史长而复杂，世代重叠交替发生，单纯用化学药剂防治不能达到理想效果，所以必须综合防治。

昆虫界"长颈鹿"

——长颈鹿象鼻虫

长颈鹿象鼻虫属于卷叶象甲科，各足股节末端和胫节前端呈黑色，鞘翅呈红色；雄虫头部细长，雌虫头部较短。其雄虫体长约25mm，是它所属的科中最长的一种昆虫。

✘ 小档案

名称：长颈鹿象鼻虫。
分类：鞘翅目卷叶象甲科。
分布：非洲。
食性：植食。
特征：有长颈鹿一样的"长脖子"。

昆虫界 "长颈鹿"

长颈鹿象鼻虫是非洲岛国——马达加斯加的特有品种，它最突出的特点就是有像长颈鹿一般的"长脖子"，这个"长脖子"几乎是身体长度的两倍，主要作用不是像长颈鹿一样为了觅食，而是进行攻击。在与同类竞争配偶权的时候，它就会利用"长脖子"和对手进行战斗并取得最终胜利。

绿尾大蚕蛾的趋光性

绿尾大蚕蛾的成虫昼伏夜出，有趋光性，等太阳落下后它才开始活动，深夜21:00—23:00最为活跃。虽然绿尾大蚕蛾看起来较笨拙，但飞行能力强。

绿尾大蚕蛾的危害

绿尾大蚕蛾会危害山茱萸、丹皮、杜仲等药用植物。此外，绿尾大蚕蛾还危害果树、林木等，可造成作物的产量减少，是农业害虫。

大尾巴——绿尾大蚕蛾

绿尾大蚕蛾是鳞翅目大蚕蛾科的一种中大型蛾类，是长尾水青蛾的亚种之一。它们广泛分布于中国的中东部、南部及亚洲的其他地区。绿尾大蚕蛾体形粗大，成虫身体长32～38 mm，翅展长100～130 mm。成虫的颜色为豆绿色，翅为粉绿色，前后翅中央各有一个椭圆形眼斑，外侧有一条黄褐色波纹，后翅呈尾状，长约40 mm。

🦋 小档案

名称：绿尾大蚕蛾。

分类：昆虫纲鳞翅目。

分布：亚洲。

食性：植食。

特征：左右翅中央各有一椭圆形眼斑，外侧有1条黄褐色波纹，后翅尾状，约40 mm。

绿尾大蚕蛾的繁殖

　　绿尾大蚕蛾喜欢把卵产在叶背或枝干上，有时雌蛾跌落树下，把卵产在土块或草上，常数粒或数十粒产在一起，每头雌虫产卵200～300粒。绿尾大蚕蛾的幼虫行动迟缓，食量大，每只幼虫可食上百片叶子。

"天线宝宝"
——黑带二尾舟蛾

黑带二尾舟蛾隶属于鳞翅目舟蛾科，它的幼虫既可爱又吓人，那肉嘟嘟、圆滚滚的身体，还有上翘的双尾让人觉得十分可爱。然而，一旦它生起气来，就会露出狰狞的"面孔"恐吓敌人，十分可怕。

✖ 小档案

名称：黑带二尾舟蛾。

分类：鳞翅目舟蛾科。

分布：中国东北地区，日本，朝鲜，欧洲，非洲北部等。

生活环境：树木上。

特征：尾部有两条细长的尾须。

🦋 强大的幼虫

黑带二尾舟蛾幼虫有着极强的生命力，孵化3个小时后它就可以吃叶子了。幼虫的身体会由黑紫色变为青绿色，等它长大时，就由青绿色变为紫红色了。

"天线宝宝"

因为两条尾巴像天线，所以有人为它起了"天线宝宝"这个外号，但实际上，黑带二尾舟蛾的两条细长尾巴并非真正的尾巴，而是臀足退化形成的一对支状尾突，尾突里面有刺突，里面是一对可以伸缩的红色尾须，在遇到危险时会突然伸出，起到警示作用。

毛茸茸的精灵

——蚕蛾

蚕蛾是桑蚕的成虫形态，它们的外形与蝴蝶很像，它们也拥有大大的翅膀。但与蝴蝶不同的是，蚕蛾浑身都长有白色鳞毛。它们的腹部很大，翅膀相对比较小。已经退化的翅膀无法拖起笨重的身体，因此蚕蛾几乎没有办法飞行。雄性蚕蛾的身体较小，步足比较发达，能够快速地来回爬动，通过不断扇动翅膀来吸引雌性注意。

✖ 小档案

名称：蚕蛾。
分类：鳞翅目蚕蛾科。
分布：世界各地。
特征：浑身披有白色鳞毛，翅膀小，腹部肥大。

短暂的生命

蚕蛾的生命非常短暂。在破茧羽化之后，蚕蛾就要在几个小时内寻找到心仪的配偶，来完成繁衍后代的使命。在产卵后，蚕蛾的生命很快就会结束。

龙虾下蛾

——苹蚁舟蛾

苹蚁舟蛾是鳞翅目舟蛾科的昆虫，它在幼虫阶段会拟态成其他昆虫躲避天敌的攻击。在一龄时期（从卵孵化为幼虫后）和二龄时期（幼虫第一次蜕皮后），它的外观看起来像是一只蚂蚁，就连移动方式也和蚂蚁如出一辙，这也正是名字中"蚁"的来源之一。等它再长大一些后，外观就变成最奇特的蝎子模样。此时的苹蚁舟蛾食量也会远大于一、二龄时期，不但能咬断树枝，如果放任不管甚至会危害大片林木。

🦋 小档案

名称：苹蚁舟蛾。

分类：鳞翅目舟蛾科。

分布：亚洲、欧洲。

生活环境：树木上。

特征：外观像蝎子一样。

 "龙虾蛾"

很多人觉得苹蚁舟蛾幼虫的防御姿势让它看起来更像是身披甲壳的蝎子而非蚂蚁，这种想法并非空穴来风。实际上，苹蚁舟蛾的英文名字是"Lobster Moth"，直译过来就是"龙虾蛾"，表示的就是它有着和龙虾这种甲壳动物一样的外观。

大力神甲虫
——长戟大兜虫

长戟大兜虫是世界上最长的甲虫。它们的身体有黑色和褐色两种颜色，鞘翅上还生有不规则的黑色斑点。长戟大兜虫最明显的特点就是它们的雄虫拥有一对非常特殊的角。这对角由向上勾的头角和向下勾的胸角组成，看起来非常威风。因此，长戟大兜虫常受到广大昆虫爱好者的喜爱。

 小档案

名称：长戟大兜虫。
分类：鞘翅目犀金龟科。
分布：拉丁美洲。
特征：有发达的头角和胸角。

稳定的活动时间

长戟大兜虫在夜晚活动不频繁。经过实验发现，只有在每天晚上10点之前才能够捉到长戟大兜虫。看来它们的作息非常有规律。

大力神

长戟大兜虫的拉丁学名以希腊神话中的大力士——赫拉克勒斯命名，所以又叫它大力神甲虫。

珍贵绿宝石

——阳彩臂金龟

阳彩臂金龟是一种非常珍贵的臂金龟科昆虫，属于我国的特有品种，是国家二级保护动物。这类昆虫的体长可达到8cm，体表在阳光下有金属光泽。阳彩臂金龟喜爱居住在亚热带地区的常绿阔叶林中，是罕见的稀有昆虫之一。

珍稀物种

阳彩臂金龟的数量非常稀少，是国家二级保护动物。早在1982年，中国就曾宣布过这种金龟在境内已经灭绝。不过好在近年来阳彩臂金龟在中国南部重新现身，种群数量逐渐增加。

✕ 小档案

名称： 阳彩臂金龟。

分类： 鞘翅目臂金龟科。

分布： 中国南部。

生活环境： 温暖湿润的环境。

特征： 头部绿色，前足长。

"装死"高手
——黑腹胫步甲

黑腹胫步甲属于鞘翅目步甲科，成虫体长2.5~3.5cm，身体呈黑色，带有金属光泽，头部具刻点和皱纹。步甲科昆虫食性复杂，有些属于植食性昆虫，以谷子、小麦等农作物为食；有些属于肉食性昆虫，它们常捕食蝴蝶等昆虫的幼虫；还有一些属于杂食性昆虫，比如黑腹胫步甲，它们既以小麦、大麦等农作物的种子为食，又捕食蜗牛等动物。

✖ 小档案

名称：黑腹胫步甲。

分类：鞘翅目步甲科。

分布：中国陕西、山西、辽宁、河北、黑龙江等地。

食性：杂食。

特征：全身黑色，有金属光泽。

蜗牛大克星

　　黑腹胫步甲有两种，一种是长着有力下颚的"大嘴魔王"；一种是长着细长小头的"小头强盗"。虽然长相有点差异，但它们都是蜗牛家族的大克星。为了能够享用美味的蜗牛肉，大嘴魔王会挑选薄壳蜗牛来食用，而小头强盗会专找开口大的蜗牛来吃。

蛀干害虫
——桑天牛

桑天牛是一种喜欢啃食树干的害虫，它们也啃食果树嫩枝，并且会把自己的卵产在果树中，这样等卵孵化后生出的幼虫又可以继续吃果树的嫩枝。对植物危害较轻时，会影响植物的生长，造成营养不良，严重的时候会导致植物死亡。

小档案

名称：桑天牛。
分类：鞘翅目天牛科。
分布：中国、日本、朝鲜等地。
食性：植食。
特征：头部有两只长长的触角。

狡猾的伪装者

桑天牛具有假死能力。当它感受到外界的刺激或者震动的时候。它就会静止不动或者从停留处跌落下去装死。等过一会儿，它又恢复正常，然后离开。这样它就可以很好地保护自己。

强大的繁殖者

　　等生殖器发育完成后，桑天牛就开始产卵。桑天牛一般需要2~3年完成一代的繁殖，桑天牛会把幼虫生在树木的幼枝里过冬，等到幼虫长大后在根茎处的树干内化蛹，长为成虫后就开始吃嫩枝皮层。

吵闹的歌唱家——蝉

蝉是一种在夏季非常多见的鸣虫。每到雨季，蝉就会大批钻出土壤，蜕皮羽化，飞到树上进行一场吵闹的"大合唱"。蝉的若虫生活在土壤里，依靠吮吸植物根部的汁液生活，等到夏天再离开土壤。蝉的羽化方式很奇特，会通过体液的压力将翅膀展开。如果中途被打扰的话，这只蝉就会永远丧失飞行能力。

✖ 小档案

名称：蝉。
分类：半翅目蝉科。
分布：温带、亚热带地区。
生活环境：树木上。
特征：会发出响亮的声音。

吵闹的歌唱家

雄蝉的腹部有发声器，即鼓膜。在发声时，鼓膜能够进行高达每秒1万次的振动，而蝉腹部的盖板不和鼓膜接触，中间的空隙会使声音产生共鸣，因此蝉能够发出非常响亮的声音。

果园杀手

——大青叶蝉

大青叶蝉是叶蝉科的昆虫，也有人叫它大绿浮尘子、青叶跳蝉，分布十分广泛。别看它漂漂亮亮的，可祸害起果树林木和农作物时却毫不留情。

✗ 小档案

名称：大青叶蝉。

分类：半翅目叶蝉科。

分布：亚洲、欧洲、北美洲等。

生活环境：果树等作物的叶子上。

特征：头部有 2 个黑点。

 # 繁殖规律

大青叶蝉一年发生三代，它们的卵在树木枝条或苗木的表皮下越冬。第二年4月下旬卵开始孵化，孵化出的若虫1小时后就能够危害农作物，并在这些植物上繁殖二代。到9月下旬，第三代成虫便飞到菜地危害农作物，10月中下旬开始飞向果园危害瓜果。

花生虫——提灯蜡蝉

提灯蜡蝉是半翅目蜡蝉科的昆虫，主要分布在中、南美洲的热带雨林中。这种昆虫最显著的特征就是头部看起来像一颗花生，因此它常被人叫作"花生虫"。除此之外，它的另一特征就是翅膀上有一对醒目的圆斑。怪异的头部外形和翅膀上巨大的圆斑都是它用来威吓天敌的工具。

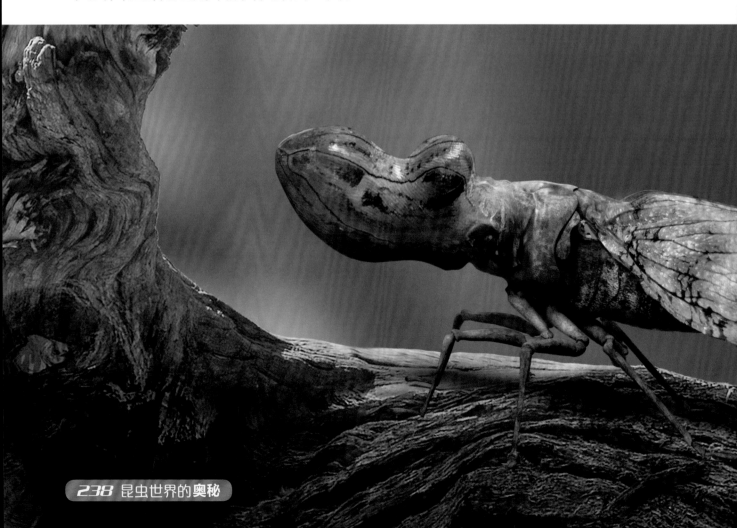

臭气释放者

提灯蜡蝉的一大绝招就是放出令人难以忍受的臭味。当遇到强大的对手时，它会以此技能来逃生或者吓跑更多的捕食者，从而更好地进行捕食。

✕ 小档案

名称：提灯蜡蝉。

分类：半翅目蜡蝉科。

分布：中、南美洲。

食性：植食。

特征：头部像花生。

树上的银琵琶

——梨片蟋

梨片蟋是一种鸣叫声音非常悦耳动听的昆虫。它们拥有嫩绿色的枣核形身体，头尾全都尖尖的。梨片蟋的前翅非常发达，能够进行远距离飞行，但后肢却非常弱，总是紧紧地贴在身体两侧，不擅长跳跃。梨片蟋喜欢生活在高大的树木上，平日里依靠体表颜色将自己隐藏在绿叶下面。

✖ 小档案

名称：梨片蟋。

分类：直翅目蟋蟀科。

分布：中国南部、印度、日本等地。

生活环境：树叶上。

特征：身体像树叶。

清脆的声音

　　雄性梨片蟋的发声器位于前翅，由刮器、发声锉和镜膜等多个结构组成。发声时，左右前翅举起，左前翅上的刮片和右前翅上发声锉的音齿相互摩擦，振动镜膜，从而发出清脆的声音。如果把它比作小提琴，那发声锉的音齿就相当于琴弦，刮器就相当于琴弓，而镜膜就是将声音放大的音箱。

泡泡爱好者
——沫蝉

沫蝉是一种身体非常细小的昆虫。沫蝉的分布范围非常广泛，只要有植被覆盖的地方几乎就有它们的身影。沫蝉的若虫通常生活在植物根茎附近，啃食植物根茎，而成虫则会飞进稻田里，吸取叶片汁液。由于沫蝉会造成农作物的大片死亡，因此被视为农业害虫。

✖ 小档案

名称：沫蝉。
分类：半翅目沫蝉科。
分布：世界各地。
生活环境：潮湿的叶片上。

爱吹泡泡

沫蝉的若虫能够将自身分泌的液体混合，再用腹部的特殊结构将液体吹成泡沫，这样既能维持自身的湿润，又能隐藏自己，防止被天敌发现。

🦟 杀不尽的虫

　　沫蝉的繁殖期在6月，正是稻田开始变绿的时候。它们的繁殖能力很强，体形又很小，难以被发现和捕捉。因此在农民眼中，沫蝉就像"不死虫"一样杀不尽。

模仿艺术家
——角蝉

角蝉是角蝉科昆虫的统称，这个家族非常庞大，有将近3000种。角蝉科的昆虫大多有极强的拟态能力，将自己伪装成枯树叶或者植物的凸起以躲避天敌。角蝉喜爱居住在树木枝叶上，喜爱吸食树木的汁液，它们咬出的伤口会被真菌寄生，导致树木生病，因此角蝉科的昆虫被视为危害树木的害虫之一。

✖ 小档案

名称：角蝉。
分类：半翅目角蝉科。
分布：中国四川、广东、福建。
食性：植食。
特征：头顶有长长的角状凸起。

角蝉的好朋友

角蝉有一个共生的"好朋友"，那就是蚂蚁。角蝉在吸食树木汁液后，会排出蚂蚁喜爱的蜜露。蚂蚁从角蝉这里得到食物之后，也会肩负起保护角蝉安全的责任。

漂亮的外表

斑蝉之所以叫斑蝉，是因为它的外表有很多斑点，身体呈黑色，背板有黄色圆形的斑点，翅膀下端又有黄褐色的斑点，但腹部无黄色斑点。

群体庞大

斑蝉是一种群体庞大的昆虫，它的类型很多，不同的地区分布着不同的种类，不同的斑蝉形态以及颜色都有少量不同。

声乐大师——斑蝉

斑蝉是蝉科昆虫中比较漂亮的一种类型，主要分布于中国的广东、广西以及与中国临近的缅甸、印度等国家。由于分布的地区不同，斑蝉的种类十分复杂，但都能发出嘹亮的声音。

✘ 小档案

名称：斑蝉。
分类：半翅目蝉科。
分布：中国广东、广西，缅甸，印度等。
食性：植食。
特征：身体黑色，上面有圆形斑点以及黄褐色斑。

独特的 "噪音"

斑蝉属于蝉科昆虫，其翅膀能扇动极快，从而发出蝉鸣音，其发声器有特有的阻尼结构，所以能发出高低不同的声音，尤其在夏天，声音十分响亮。

会飞的 "树枝"

——竹节虫

    竹节虫是一种身体细长、长得非常像纤细竹枝的昆虫。竹节虫一般生活在灌木或者乔木上，依靠自身的拟态来隐藏自己。竹节虫仅依靠雌性就能进行繁衍，因此这个种群变得非常不容易灭绝。在20世纪60年代，科学家们甚至还在新几内亚的悬崖上找到了仍旧存活的史前竹节虫！

小档案

名称：竹节虫。

分类：昆虫纲竹节虫目。

分布：热带、亚热带地区。

食性：植食。

特征：外形与竹枝相似。

🦋 从小开始的伪装之路

    不仅竹节虫成虫会伪装成树枝的样子，就连它们的卵也会伪装：竹节虫的卵很大，和树木种子有着相似的外形。

世界上最长的竹节虫

世界上最长的竹节虫种类是尖刺足刺竹节虫。在至今为止发现的所有竹节虫中，这种竹节虫的平均长度达到了32cm。

伪装者精英

——大佛竹节虫

大佛竹节虫是竹节虫科佛竹节虫属昆虫的统称，这个属的竹节虫主要分布在越南、中国广西等地，如越南佛竹节虫、广西佛竹节虫、中国巨竹节虫、龙州佛竹节虫等。这个属的特点是体形较大，平均体长在竹节虫科昆虫中名列前茅。

🦋 小档案

名称：大佛竹节虫。

分类：竹节虫科佛竹节虫属。

分布：中国广西、越南等地。

食性：植食。

特征：身体长，呈褐色，外观像树枝。

神奇的习性

　　大佛竹节虫有保持身体干燥的习性，它们会用蜕皮的方式保证身体干燥，它们还会吃掉自己脱下来的"外衣"，从而隐藏自己的踪迹。更神奇的是，它们经常会在夜晚蜕皮，而且蜕皮后的第二天往往是晴天，可能这是它们独有的天气预测能力。

陆地龙虾
——巨棘竹节虫

巨棘竹节虫属于竹节虫科，因为雄性成虫后足上有棘刺，所以名字中有"巨棘"二字。巨棘竹节虫体形较大，雄性体长可达20 cm，雌性体长可达11 cm，雄性后足比雌性后足粗壮，雌性尾部有不同于雄性的产卵管，因此比较容易分辨雌雄。

✖ 小档案

名称：巨棘竹节虫。
分类：竹节虫目竹节虫科。
分布：大洋洲。
食性：植食。
特征：身体褐色，像树枝。

养殖方法

　　棘竹节虫原产自大洋洲，可以作为观赏性昆虫人工饲养。需要一个塑料饲养箱，里面放置一些没有污渍和虫卵的干净树枝，同时将温度控制在25℃左右，以模拟它们的生存环境。在饮食方面，可以喂一些桑叶、栎叶，尽量每天换新鲜水即可。

危险"绿叶"
——叶䗛

叶䗛（xiū）又称叶子虫。竹节虫模拟的是竹子，而叶䗛则伪装成树叶。它不但可以将身体斑纹伪装成叶子的叶脉，六只足和身体边缘还能像枯叶一样"枯萎"，虽然不擅长飞行，但整个身体能随风摇曳，称得上是拟态界中的至高境界了。它体色多为绿色或褐色，跟所栖息环境中的植物叶片颜色相似，因而不易被天敌发现，得以逃避被捕食的命运。

 小档案

名称：叶䗛。
分类：竹节虫目叶䗛科。
分布：中国。
食性：植食。
特征：腹部细长或扁宽。
身体像叶子。

生殖方式

叶䗛的生殖方式很特别，一般交配后将卵单粒产在树枝上，一两年后才能孵化。有些雌虫不经交配也能产卵，生下无父的后代，这种生殖方式叫孤雌生殖。它是不完全变态的昆虫，刚孵出的若虫和成虫很相似。

竹节虫的兄弟

　　䗛的中文俗称是竹节虫。学界把䗛目叫竹节虫目，在这种语境下竹节虫和䗛是可以同义的。严格意义上来说，竹节虫和杆䗛相同，而形似阔叶的叶䗛被称为竹节虫有些不妥。在学术上更倾向于使用竹节虫或杆䗛来称呼棒状的䗛，而用叶䗛称呼叶状的䗛。

陆地昆虫世界

LUDI
KUNCHONG
SHIJIE

勤奋的园丁——蚯蚓

蚯蚓是一种平日里非常常见的无脊椎动物，它的身体是暗紫红色的，非常柔软。成年蚯蚓身体中间会有一个颜色较浅的环带，这是它用来产卵的地方。蚯蚓的身体非常灵活，它可以用头部挖土，用蠕动的方式在土壤里随意行动。因为蚯蚓没有足，只能靠浑身的肌肉来蠕动前进，因此蚯蚓的爬行路线总是弯弯曲曲的。

小档案

名称：蚯蚓。

分类：环节动物门寡毛纲单向蚓目。

分布：除海洋、沙漠、冰封区外各地。

生活环境：土壤内。

特征：暗紫红色、软软的身体。

害怕盐分

　　蚯蚓非常害怕盐，接触到盐的蚯蚓剧烈挣扎，浑身麻痹僵硬，皮肤也会变白。因此海水对于蚯蚓来说是非常可怕的存在，海边的土壤里几乎不会有蚯蚓出现。

"数不清"的腿
——蜈蚣

蜈蚣，是一种身体扁长且长有很多对足的节肢动物。在潮湿山林中的烂叶子和枯树干下面都能看到它们的身影。蜈蚣和很多节肢动物一样都不喜欢太阳，白天的时候，它们经常躲在墙角或砖缝里，一直躲到晚上才会出来捕食。到了冬天的时候，蜈蚣就会躲到背风又温暖的山坡上，钻到泥土里面睡觉，一直睡到第二年春天，等到天气变暖才会重新出来活动。

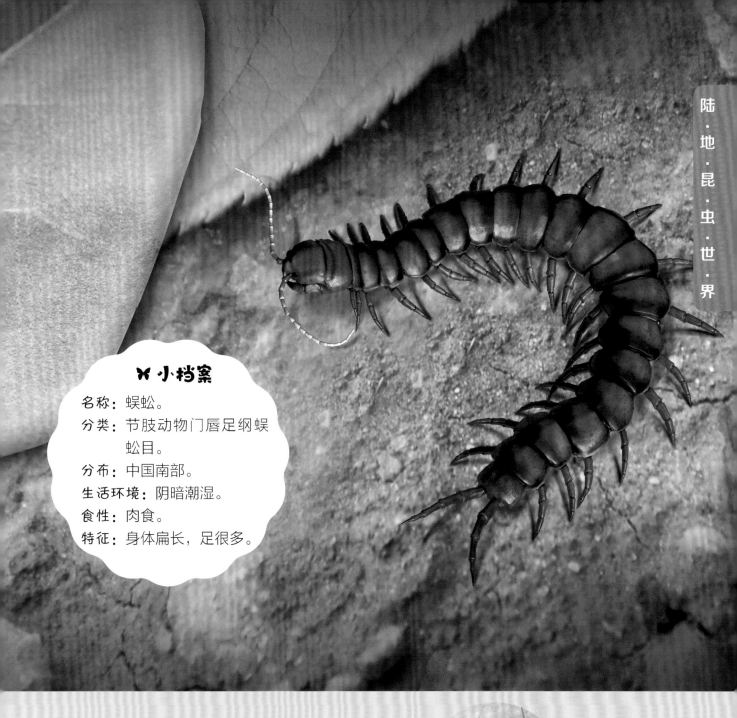

✘ 小档案

名称：蜈蚣。

分类：节肢动物门唇足纲蜈
蚣目。

分布：中国南部。

生活环境：阴暗潮湿。

食性：肉食。

特征：身体扁长，足很多。

蜈蚣爱打架

　　蜈蚣是典型的肉食性节肢动物，它们的
"菜单"里包含菜青虫、蟑螂等各种昆虫。当
同一个地方的蜈蚣数量太多的时候，蜈蚣们就会开始"内斗"，
将更弱小的蜈蚣当作食物，来减少同类数量。

远古活化石
——蝎子

早在四亿三千万年前的志留纪，蝎子就已经生活在地球上，遍布于山地、雨林甚至沙漠之中。蝎子是非常古老的物种之一，在如此漫长的演变过程中，众多生物都开始了更加适应环境的进化，而蝎子却没有任何改变，它们至今仍旧保留着七千万年前的原始形态。

✖ 小档案

名称：蝎子。
分类：节肢动物门蛛形纲蝎目。
食性：肉食。
生活环境：潮湿、阴暗的环境。
特征：尾巴带有毒刺。

 长相可怕的益虫

虽然蝎子看起来有点吓人，但它其实是能够保护农作物的益虫，因为蝎子的主要捕食对象是蝗虫、蟑螂等有害昆虫。据统计，一只蝎子一年里可以吃掉上万只害虫。

🦋 代替耳朵的感觉毛

蝎子并没有耳朵，它们无法听到猎物和天敌活动的声音。但蝎子的身体表面长有一层感觉毛，它们能依靠这些感觉毛察觉到非常微弱的气流变化，因此捕捉周围的猎物就不在话下啦！

甜食爱好者

——东方蝼蛄

东方蝼蛄是一种广泛分布在我国境内的昆虫，一生都生活在土壤之中。刚孵化3~6天的幼虫会一直生活在一起，一同寻找无光、无风、无水的环境。等过了最脆弱的几天后，东方蝼蛄就会分散开，各自寻找生活领地。东方蝼蛄对植物的种子和幼苗都非常喜爱，因此对农业的危害很大。

✕ 小档案

名称：东方蝼蛄。
分类：直翅目蝼蛄科。
分布：中国各地。
生活环境：潮湿环境。
特征：全身灰褐色。

爱甜食

香味和甜味对东方蝼蛄有非常大的诱惑力。尤其是炒香的谷物或豆子，东方蝼蛄对这类香甜的食物毫无抵抗力，哪怕是陷阱也会毫不犹豫地跑进去。

蘑菇爱好者
——蠼螋

  蠼螋是一种很常见的捕食性昆虫，它们一般生活在树皮缝隙、腐朽的枯木和落叶下，非常喜欢阴暗潮湿的环境。因为生活环境的不同，蠼螋的取食范围也不同。生活在田间的蠼螋因为捕食害虫的缘故，被视作益虫。但在菌类养殖业中，蠼螋因为过于喜爱吃蘑菇，而被当作害虫。

✖ 小档案

名称：蠼螋。
分类：革翅目蠼螋科。
分布：热带及亚热带地区。
生活环境：阴暗潮湿的环境。
食性：杂食。
特征：尾须呈夹子形状。

保护宝宝的蠼螋

蠼螋的雌虫有很明显的护卵行为。在产卵后，雌性蠼螋便会守在卵旁边，或者用自己的身体保护卵。等卵孵化之后，低龄的若虫也一直跟随母亲生活，直到能够自保为止。

群居大家族
——蚂蚁

蚂蚁是一种生活中极为常见的小昆虫。大多数蚂蚁的食性很杂，如果生活在室内，蚂蚁会经常取食于人类的食物或垃圾，有一些种类还会影响到人类生活。蚂蚁是群居性昆虫，它们会筑造庞大的巢穴来供种群居住。在巢穴中，为了能够更好地保存食物，蚂蚁们还会仔细地将活动室和储藏室分开。

✘ 小档案

名称：蚂蚁。
分类：膜翅目蚁科。
分布：世界各地。
生活环境：潮湿环境。
特征：身体有三节，腰很细。

 蚂蚁的牧场

蚂蚁喜爱甜食，尤其喜爱蚜虫分泌的蜜露。为了得到这种美食，蚂蚁们会将蚜虫搬进自己的巢中"饲养"，等到天气暖和之后，再把蚜虫搬到树上去"放牧"。

🐜 蚂蚁社会

蚂蚁的社会体系非常完整，它们分别承担着不同的责任：蚁后肩负着整个种群繁衍的重任，雄蚁只负责与蚁后交配，工蚁负责维持日常生活，兵蚁则负责保护蚁巢安全。

昆虫游击队
——行军蚁

行军蚁，又称军团蚁，和其他蚂蚁不同，行军蚁并不会筑巢，它们是一种迁徙类的蚂蚁，用"游击"的方式生活在亚马孙河流域。行军蚁拥有非常强大的颚，还能分泌出富含蚁酸的毒液，有了这两种武器，行军蚁就可以肆无忌惮地前行，一路捕捉各类昆虫作为食物。

❋ 小档案

名称：行军蚁。
分类：膜翅目蚁科行军蚁属。
分布：亚马孙河流域。
食性：杂食。
特征：不筑巢，有锋利的大颚。

浩荡蚁军如潮水

在行军蚁的队伍中，最多能包含上百万只行军蚁。据记载，人类发现的行军蚁队伍中，最宽的一支队伍宽度足足有15 m。这样的队伍无论走到什么地方，都会像潮水一样，立刻将猎物淹没。

北境蚁王
——石狩红蚁

石狩红蚁是蚁科昆虫的一种，主要生活在亚洲的北部，如中国东北、日本、朝鲜等。它们经常集群出行，且食性比较广泛，经常以植物腺体的分泌物、蚜虫或身体比较软的小型昆虫为食。

✖ 小档案

名称：石狩红蚁。

分类：膜翅目蚁科。

分布：主要分布于日本、朝鲜以及中国的东北地区等地。

食性：杂食。

特征：全身呈红色，有少部分有黄褐色的斑点。

 ## 超级集群

  石狩红蚁是群居动物，经常形成超级集群，其数量十分庞大。它们会在温暖且光照充足的地方建不同的巢。这种蚁的集群规模会随季节的变化而变化。

沙丘制造者
——铲头堆砂白蚁

铲头堆砂白蚁是一种完全栖息在木头中的白蚁，它们不接触土壤，也不需要从木头外面获取水分。铲头堆砂白蚁生有锋利、强壮的大颚和牙齿，能够效率极高地蛀食木头。这种白蚁不会筑造固定的蚁巢，只在木头中蛀出任意形状的蚁道，一边蛀食木头、一边在里面生活。

🦋 小档案

名称：铲头堆砂白蚁。
分类：等翅目木白蚁科堆砂白蚁属。
分布：中国南部沿海地区。
生活环境：树木中。
特征：头部又短又厚。

 ## 海边的害虫

铲头堆砂白蚁多生活在木质船舱或是木箱内，跟随海路运输扩散到各地。铲头堆砂白蚁会危害沿海的树木，比如椰子，是毫无争议的害虫。

 "堆砂"

　　铲头堆砂白蚁的粪便呈沙粒状，它们会将巢穴内的粪便等垃圾通过蛀物表面的小孔推出去，如果蛀物长时间不移动，就会在下面积成沙堆状，这就是"堆砂"一名的由来。

会飞的蚂蚁
——黄翅大白蚁

黄翅大白蚁，是等翅目白蚁科大白蚁属的害虫，多分布于我国南方地区。它们不仅会危害农作物，还会啃食树皮，但对树种有一定要求，更喜欢纤维质、碳水化合物含量高的植物，所以这类植物往往受害较重。

✘ 小档案

名称：黄翅大白蚁。
分类：等翅目白蚁科。
分布：越南和中国。
生活环境：土壤中。
食性：植食。
特征：头深黄色，上颚黑色，头翅较长，能飞行。

形态特征

黄翅大白蚁中的兵蚁头部特别大，最宽处位于头壳的中后部，呈深黄色；粗壮的上颚呈黑色，像镰刀。黄翅大白蚁中的工蚁有棕黄色的圆形头部，胸腹呈浅棕黄色，前胸背板宽约为头宽的一半，前缘翘起，腹部膨大像橄榄。

双齿多刺蚁的危害

双齿多刺蚁会用尖利的"嘴巴"叮咬人畜。由于它们直接携带多种病菌，会造成多种疾病，如伤寒、痢疾、鼠疫等，因此，家中一旦发现双齿多刺蚁应彻底清除。

繁殖飞速

双齿多刺蚁的蚁巢内同时有卵、幼虫、蛹、成虫四个阶段的个体。蚁巢大小相差很大，每巢蚁个体数从几千个到上万个不等。

建造大师——双齿多刺蚁

双齿多刺蚁是蚁科多刺蚁属的一种昆虫，对树木有一定危害，但因有蚁穴的地方发生虫害的概率较小，所以有时也可以保护树木。

✖ 小档案

名称：双齿多刺蚁。
分类：膜翅目蚁科多刺蚁属。
分布：中国，日本，澳大利亚。
食性：杂食。
特征：体黑色，背板有明显的直刺。

建造大师

　　双齿多刺蚁在建造方面天赋异禀，它们不像其他蚁科动物一样在地下挖掘巢穴，它们的巢建在树枝之间，和蜂巢有些类似。

逆行武士
——蚁狮

蚁狮是蚁蛉的幼虫，是一种非常凶猛的捕食类昆虫。蚁狮通体土褐色，身体呈纺锤形，头和前胸非常小，而腹部非常肥大。蚁狮通过头前部的巨颚来捕食猎物，颚的内侧有吸管状的刺，与颚一同形成刺吸式口器。捕捉到猎物之后，蚁狮就用这对颚夹住猎物，直接将猎物"吸空"。

🦋 小档案

名称：蚁狮。
分类：脉翅目蚁蛉科。
分布：北美、亚洲及除英国外的欧洲地区。
生活环境：干燥的地表下。
食性：肉食。
特征：身体呈纺锤状。

成虫完全不一样

蚁狮的成虫形态叫作蚁蛉，是一种类似螅和蜻蜓的昆虫。蚁蛉生有两对细长的透明翅膀，和幼虫一样以捕捉其他昆虫为食。

擅于制作陷阱

蚁狮会在沙地上挖出一个漏斗形状的小沙坑，自己则蹲到沙坑的最底端，安静等待猎物上门。当有其他昆虫不小心掉进陷阱里，蚁狮就用有力的颚夹住猎物。

顽强的生存者
——蟑螂

蟑螂是一种日常生活中极为常见的害虫，它们通常成群结队地行动，非常擅长钻缝和攀爬，在人类房屋中几乎无孔不入。蟑螂是一种非常典型的杂食昆虫，酷爱甜食和富含油脂的食物，又喜欢居住在温暖潮湿的环境中，因此厨房是它们最理想的生活地点。

❤ 小档案

名称：蟑螂。
分类：蜚蠊目蜚蠊科。
分布：热带、亚热带及温带地区。
生活环境：温暖潮湿的室内。
特征：身体扁平。

超强繁殖力

　　一只雌性蟑螂每隔一个星期就能产出一个卵鞘，里面能够孵化出几百只小蟑螂。而一只雌性蟑螂一生能产下几十个这样的卵鞘！正如俗话所说，"看到家里出现一只蟑螂，家里就会藏着几百只"。

跳高专家
——人蚤

　　人蚤，是蚤科昆虫中和人类关系最密切的一种昆虫，也是对人类生活危害较大的害虫之一。人蚤寄生在动物体表，以动物血液为食。因为会接触血液，人蚤也是许多传染病的传播者。曾经人蚤的分布极其广泛，在全世界的人类居住区都有它们的身影。但是在人类持续的防治工作下，人蚤开始从一些地区消失。现如今，我国已经有不少地区成功将人蚤清除干净。

✖ 小档案

名称：人蚤。

分类：蚤目蚤科。

分布：除寒带外的世界各地。

生活环境：寄生在动物体表。

特征：非常细小，弹跳力超强。

 ## 跳高专家

　　人蚤的跳跃能力非常强。虽然人蚤只有3 mm大小，但它们强有力的后腿能够帮助它们跳起身体长度60倍左右的高度。依靠这样发达的弹跳力，跳到人类身上完全不在话下。

家庭害虫
——衣鱼

　　衣鱼，又名白鱼、壁鱼，是家庭害虫。这类昆虫大多数是室内干储物的蠹（dù）虫，常出没于衣柜，蛀食衣物，故名衣鱼。其实，衣鱼更是遍布世界的图书蠹虫，它们啮纸蛀书，是各地图书馆里普遍存在的最主要的害虫。

✘ 小档案

名称：衣鱼。
分类：缨尾目衣鱼科。
分布：世界各地。
生活环境：黑暗、潮湿、
　　　　　温暖的地方。
特征：体狭长，腹部有
　　　11节。

行动敏捷的代表

　　头部有细长的丝状触角；多数有明显的小型复眼；腹部有三对能疾走、跳跃的足，因此，能够使它的行动敏捷，更加迅速。

耐旱的昆虫

衣鱼主要蛀食纸张和图书的糨糊干渍、装订棉线等。它们不直接饮水，也无处饮水，而是把这些含水率极低的纸书当作食物，同时视为唯一的水分来源，可见衣鱼的耐旱性非常好。

贪婪的吸血鬼
——臭虫

臭虫，又称床虱、壁虱，是一种适应能力极强的昆虫，广泛分布在全世界。臭虫有一对能够分泌臭液的腺体，它们爬过的地方会留下难闻的臭味，这也是它们名字的由来。臭虫的行动非常迅速，能够很快地更换隐蔽位置，通过隐藏在衣物和行李之中，将活动范围扩大。不过好在会吸食人类血液的臭虫种类很少，更多的臭虫寄居在蝙蝠和鸟类的窝巢之中。

✖ 小档案

名称：臭虫。
分类：半翅目臭虫科。
分布：世界各地。
食性：吸血。
特征：体形大小可变化。

贪婪的吸血鬼

臭虫依靠动物血液为食。在吸血的时候，它们会分泌一种唾液来阻止血液凝固。臭虫非常贪婪，每次都要吸超过体重1~2倍的血液才会满足。吸饱血的臭虫会从扁扁的样子变得圆鼓鼓。

会飞的硫酸
——隐翅虫

　　隐翅虫是鞘翅目隐翅虫科的昆虫，主要生活在热带和亚热带地区，在我国分布也较为广泛。隐翅虫食性十分复杂，大部分吃农林害虫；还有一部分吃腐烂食物；少部分爱吃菌类、植物的果实和花粉等。

小档案

名称：隐翅虫。

分类：鞘翅目隐翅虫科。

分布：世界各地。

生活环境：潮湿环境。

特征：身体细长、体形小，形似蚂蚁。

会飞的硫酸

隐翅虫分为有毒和无毒两种，有毒的隐翅虫对人类威胁极大，被称为毒隐翅虫，它的外号是"会飞的硫酸"。一旦人的皮肤接触了毒隐翅虫身体中的毒素，就会引起急性红斑疱疹性损害。因此，应当注意对隐翅虫的防护，如果发现身上有隐翅虫，应该吹走而不是直接拍死，这样才不会导致它体内的毒素接触皮肤。

彩虹的眼睛
——吉丁虫

吉丁虫是一种以美丽的鞘翅而闻名的昆虫，它们的鞘翅色彩缤纷，甚至被人喻为"彩虹的眼睛"。但吉丁虫其实是一种林业害虫，它们的成虫喜爱啃食叶片，经常会造成树叶缺口；而它们的幼虫危害更大，常躲藏在树皮下，从树底以螺旋形路线往上啃，经常造成树木脱皮、折断甚至枯死。

✖ 小档案

名称：吉丁虫。
分类：鞘翅目吉丁虫科。
分布：世界各地。
生活环境：树木上。
特征：有色彩斑斓的鞘翅。

爱大火的昆虫

吉丁虫科的松黑木吉丁虫酷爱火灾，它们能够感知到远在13 km外的大火，然后匆匆赶过去，在烧焦的树枝上面产卵。

被钟爱的鞘翅

吉丁虫的鞘翅色彩斑斓，大多数还带有金属光泽，非常好看，因此受到许多艺术家的喜爱。它们的鞘翅经常被当作装饰物，镶嵌在家具上。

活药材

——球鼠妇

球鼠妇是潮虫科鼠妇属的一种节肢动物，分布极其广泛，从海边到海拔上千米的高地上都有它们活动的身影。它们十分喜欢阴暗潮湿的环境，尤其是在腐烂的木头和苔藓下更是有它们的踪迹。球鼠妇是典型的昼伏夜出生物，它们习惯在阴暗环境中活动，非常讨厌光线直射。

🦋 小档案

名称：球鼠妇。

分类：节肢动物门甲壳纲等足目潮虫科。

分布：世界各地。

生活环境：阴暗潮湿。

食性：杂食。

特征：外形呈长椭圆形。

大胃王

球鼠妇的食性很杂，从绿色叶子到菌菇孢子，无论干枯与否都能当作美餐。它们的进食速度很快，经常会将农作物迅速啃光，因此在沿海地区，球鼠妇偶尔会为农业生产带来危害。

黑寡妇
——间斑寇蛛

间斑寇蛛俗称黑寡妇蜘蛛，是一种中型蜘蛛，能够分泌含有剧毒的毒液，是世界闻名的剧毒蜘蛛之一。近年来，随着人类生活范围的逐渐扩大，间斑寇蛛使人畜中毒受伤甚至死亡的报道在国内外都屡见不鲜。由于这种蜘蛛的雌性在交配后会立即咬死雄性配偶，因此民间称其为"黑寡妇"。

 小·档案

名称：间斑寇蛛。
分类：蜘蛛目球腹蛛科。
分布：世界各地。
食性：肉食。
特征：黑色的身体带有红色
　　　斑点，腿细长。

捕猎方式

　　间斑寇蛛一般以各种昆虫为食，偶尔也
捕食马陆、蜈蚣和其他蜘蛛。当猎物不小心接
触到间斑寇蛛的网，间斑寇蛛就迅速从潜伏之地出击，用大量坚
韧的网将猎物死死裹住，然后向猎物注入毒素。猎物10分钟左右
即会中毒并停止活动。间斑寇蛛便将消化酶注入伤口，随后将猎
物带回巢穴慢慢享用。

身边的蜘蛛
——家幽灵蛛

家幽灵蛛带有毒性，但是它的毒性太小了，所以根本伤害不到人。这种蜘蛛喜欢在室内墙角、屋顶、桌子和柜子下面等暗处结网，所以在家中偶尔会看到它。它的主要的食物是蚊子和蟑螂等昆虫。

✘ 小档案

名称：家幽灵蛛。
分类：蜘蛛目幽灵蛛科。
分布：世界各地。
生活环境：阴暗的地方。
特征：腿部比其他蜘蛛都
　　　要长。

静静地等待

家幽灵蛛一般不会主动寻找食物，它们会在一些阴暗的角落结网等待食物的到来。

家幽灵蛛的特征

　　雌性家幽灵蛛的体长一般约9 mm，可是算上它们的腿，就足足有70 mm宽了。雄性家幽灵蛛比雌性稍微小一点儿。

拦路虎
——虎甲

虎甲是鞘翅目虎甲科昆虫的统称，是中等大小的甲虫，身上布满鲜艳的颜色。虎甲的头比较大，头部的上颚大并且左右交叉。虎甲是肉食性昆虫，经常在路上觅食小虫，当人接近时，常向前作短距离飞行，故有"拦路虎"之称。

✕ 小档案

名称：虎甲。
分类：鞘翅目虎甲科。
分布：中国。
生活环境：潮湿环境。
食性：肉食。
特征：有鲜艳的色斑，头大。

暗藏杀机

虎甲喜欢居住在垂直的洞穴中，这些洞穴深达60 cm。虎甲会埋伏在穴口等候昆虫和蜘蛛等猎物，当猎物到来时，它们会用镰刀状的有力上颚将猎物捕获。虎甲幼虫的腹部还有一对钩，用来固定住穴壁，避免自己因猎物的挣扎而被拉到洞外。当捕获猎物之后，虎甲会将它们拖到自己的洞穴底部慢慢享用。

殡葬师
——覆葬甲

覆葬甲是葬甲科覆葬甲亚科昆虫的统称，它们在自然界中有一个特殊的使命——处理尸体。当野外有动物尸体出现时，它们就会通过触角上的化学感受器对尸体进行定位。找到动物尸体后，它们会挖掘动物尸体下方的土地，直到动物尸体被埋入土中，所以它们也叫埋葬虫。

🦋 小档案

名称：覆葬甲。

分类：鞘翅目葬甲科覆葬甲亚科。

生活环境：林下环境。

特征：鞘翅上有橘色波纹。

吃过恐龙肉的昆虫

科学研究表明，葬甲科昆虫早在1.65亿年前就已出现在地球上，那时候正是恐龙主宰地球的年代。在考古挖掘中发现的侏罗纪和白垩纪时期葬甲科昆虫的化石也充分说明了它们曾和恐龙在一起生活过，再结合它们吃动物尸体的习性，可以推测出它们可能是现存为数不多的吃过恐龙肉的昆虫。